淡定的人生
不寂寞

邢思存 编著

繁华过后是寂寞
绚烂过后是平淡

中国华侨出版社
北京

未来事，未来心，何须劳心。

现在事，现在心，随缘即可；

它也是宁静、悠远、美丽和洒脱。

寂寞不仅仅是孤独、苦涩、怅惘和伤感，

一帆风顺不会
使我们的心灵成长，
只有追随内心，
做你自己，才能找回自我；
只有沉静下来，
看淡、看透、看开，
才能真正回归人生，
活出真我。

从容淡定，

意味着时刻能保持好心情；

意味着自己还有更广阔的境界，

更宏大的作为。

雨水净化空气，泪水净化心灵。

快乐不是因为拥有的多，

而是计较的少。

抓不住的沙，放下一把；

抓不住的人，放下也罢。

生命中我们应该感谢两种人，

一种是打开我们心门的人，

一种是陪我们一同走过心路历程的人。

人生最重要的不是得不到和已失去，

而是珍惜现在拥有的，

所以要活在当下。

在真实的平淡的生活里，一切甜言蜜语，
一切山盟海誓都显得有些多余。

淡定是一种空灵悠远的境界，脱离尘世的喧嚣，在广阔的思想空间里，任思绪尽情飞扬，任想象自由翱翔。

人生路上充满未知，从容面对迎面而来的种种考验。

抓不住的东西，何必去抓住；留不住的东西，又何必去挽留。

只有追随内心，做你自己，才能找回自我。

前言 PREFACE

在人生的走廊中，寂寞如同一道时空的门槛，前进一步是光明，后退一步就是黑暗。然而，生活中的很多人，却常常经受不住寂寞的考验，在寂寞中备感空虚，在寂寞中变得越来越浮躁，并进而对人生失去信心，对未来失去希望……其实，有时候不是生活黯然失色，而是我们的襟怀不够开阔；不是人生孤独寂寞，而是我们不知道如何面对、如何取舍。倘若在世间的变化里不能处变不惊，以静制动，那么我们终将会被寂寞吞噬而一事无成。而能将人从寂寞的泥潭里拉出来的，唯有淡定。

淡定不完全是一种性格，它更多的是一种心态、一种修养、一种智慧。淡定不是处世消极，刻意放纵，而是阅尽沧桑的醒悟、了然于胸的坦然；它也不是自我封闭、孤芳自赏，而是不以物喜、不以己悲，超脱地面对外界环境的纷繁和喧嚣。它是对名利荣辱的淡然，是对爱恨情仇的超脱，是对世态人情的看破。正所谓"千磨万击还坚韧，任尔东南西北风"。走出人生迷局的人会发现，只有淡定才可以让人生不寂寞。

生活是一场旅行，途中有风亦有雨，过程我们无法预料、无从强求，但顺境中宠辱不惊、怡然自得；逆境里不悲不愁、不弃不馁，才能解世间浮沉，更见人生真义。淡看人生荣辱得失，一切均如过眼烟云，去留无痕，这才是淡定人生的最高境界。对名利淡定，便没了绞尽脑汁的夺取；对金钱淡定，便少了贪恋财物的心态；对爱情淡定，情路便少些坎坷。淡定看待生活，才能得之坦然、失之淡然、争其必然、顺其自然、历尽沧桑而悟然。

拥有淡定的心态，会让人从内心深处找回简单的自我，让心灵的绿洲远离寂寞的侵袭。楚兰生于幽林，不以无人而不芳；君子修道立德，不以穷困而变节。拥有淡定的心态，才会心智坚定、气定神闲、处变不惊，才会不被世俗所左右，不被利益所驱动；才能清楚地认清自己，客观地评价他人；面对外来的诱惑，才能保持清醒的头脑，不为所动；面对朋友的背弃、希望的破灭，才不会耿耿于怀，有太多的苦痛。学会了淡定，没有了尖酸刻薄，没有了斤斤计较，更不会自寻烦恼，只会宽容一切，善待自己，善待他人。

淡定的人，因为看得透，所以不躁；因为想得远，所以不妄；因为站得高，所以不傲；因为行得正，所以不惧。一个淡定的人，更懂得什么是生活，什么是人生，更能走出寂寞的泥沼，将生活调节得有滋有味。心怀淡定之心的人，必将是最坦然、平和、幸福的人。

保持淡定，才能欣赏到最美丽的风景！保持淡定，人生从此不再寂寞。

目录
CONTENTS

第一章 "淡"是人生最深的滋味 /1

欲望是一条看不见的灵魂锁链　　/2

名利不过是生命的尘土　　/6

尘世浮华如过眼云烟　　/10

名声长久而短暂　　/13

可以有欲望，但不可有贪欲　　/16

放弃生活中的"第四个面包"　　/18

莫为名利诱，量力缓缓行　　/21

过重的名誉会压断你起飞的翅膀　　/24

放弃复杂欲求，恢复简单生活　　/26

让生命逍遥自在　　/28

第二章 不纠结过去，不忧心未来 /31

当下的内容是唯一的真实　　/32

静下心来，成功就在不远处　　/35

1

安贫乐道，静享人生　　/38

止水澄波，悟道须静　　/40

何必寻愁觅恨怨东风　　/44

气度要宏，意趣要乐　　/46

宁静沉淀出心中纷杂的浮躁　　/49

云飘水流，放下才能宁静　　/51

艳羡别人，不如珍惜自己的田园　　/54

不抱怨的人才能在寂寞中爆发　　/56

第三章　成功不仅需要苦寻，更需要守候　　/59

怎样的人生才算成功　　/60

坚守寂寞，坚持梦想　　/62

人生的挫折不能省略　　/64

正视内心的力量　　/68

不要灰心，除非你达到目的　　/70

风雨中的玫瑰依然芬芳　　/72

坚持不懈，才能取得最大的奖赏　　/75

磨难让我们变得更加坚韧　　/78

脚踏实地是最好的选择　　/80

冷遇也是一种幸运　　/83

换个角度看待折磨你的事儿　　/85

将失败像蜘蛛网一样轻轻抹去　　　/87

第四章　快乐不是因为拥有的多，而是计较的少　　/91

必要的舍弃是为了更好地得到　　　/92

不以物喜、不以己悲　　　/94

从得中失去，才能从失中获得　　　/97

聪明人不计较得失　　　/98

患得患失，烦恼无穷　　　/100

宽心的人懂得取舍的标准　　　/102

每一次舍去都是一次升华　　　/105

明智的放弃胜过盲目的执着　　　/107

难舍难得，天下事得失同生　　　/108

舍得，有舍才有得　　　/110

舍要理智，得靠智慧　　　/112

用平常心代替高姿态　　　/114

低姿态才能为自己保留一席之地　　　/115

放下身份，路会越走越宽　　　/118

第五章　爱的最高境界是要经得起平淡的流年　　/121

一场挫折，还是一场游戏　　　/122

严冬之后是暖春　　　/124

人在低处也飞扬　/127

人生没有过不去的坎儿　/129

机遇与风险同行　/131

失败也是一次机会　/133

因为泥土的滋养，才有鲜花的芬芳　/135

幸运的疼痛　/137

放大承受的胸怀　/140

战胜苦难　/141

留住希望的种子　/143

从头再来　/145

第六章　生命如茶，慢慢地等，细细地品　/149

不完满才是人生　/150

苛求完美，生活会和你过不去　/153

绝对的光明如同完全的黑暗　/156

没有"完人"　/160

微笑着走向生活　/162

战胜缺点就是完善自我　/164

朋友如音乐，也有觉得刺耳的时候　/166

被批评不是什么坏事　/169

玫瑰有刺　/170

过度挑剔不如充实自己　　/171

别为打翻的牛奶哭泣　　/174

包容不完美，才有完美的心境　　/177

低下高贵的头，收起虚荣的心　　/180

第七章　慢一点，才能发现幸福的全部细节　　/183

和睦的秘诀　　/184

百川入海，宽心制怒成大器　　/186

察觉自己的不足　　/189

三思而后行　　/191

诫己　　/194

懂得舍弃的艺术，将拥有更多的幸福　　/197

心中藏一片清凉　　/199

怒发冲冠，不如云淡风轻　　/202

用坚忍创造闪光的快乐　　/204

平衡情绪，走出物欲的迷宫　　/207

第八章　万事尽头，终将如意　　/211

不做自己的"降兵"　　/212

大收获必须付出长久努力　　/214

不眼红别人的辉煌　　/216

执着于成功，才能创造成功 /219

永抱必胜之心 /223

不懈追求才能羽化成蝶 /225

人生总是从寂寞开始 /226

坚忍的骆驼 /229

不怕失败才会成功 /231

看轻自己也是积极的人生观 /233

第一章

"淡"是人生最深的滋味

欲望是一条看不见的灵魂锁链

画，远看则美。

山，远望则幽。

思想，远虑则能洞察事物本末。

心，远放则可少忧少恼。

……

在某些情境之下，距离是能够产生美的，对名利的疏远尤甚，能够给人带来清明的心智与洒脱的态度。

"天下熙熙，皆为利来，天下攘攘，皆为利往。"从古至今，多少人在名利场中百般挣扎反而落得身败名裂。古人说得好："君子疾没世而名不称焉，名利本为浮世重，古今能有几人抛？"

这世上的人，有几人能够在名利面前淡然处之，泰然自若？

"人人都说神仙好，唯有功名忘不了"，这是《红楼梦》里的开篇偈语，这一首《好了歌》似乎在诉说繁华锦绣里的一段公案，又像是在告诫人们提防名利世界中的冷冷暖暖，看似消极，实则是对人生的真实写照，即使在数百年后的今天依然如此。世

思想，远虑则能洞察事物本末。

第一章 "淡"是人生最深的滋味

人总是被欲望蒙蔽了双眼，在人生的热闹风光中奔波迁徙，被身外之物所累。

那些把名利看得很重的人，总是想将所有财富收到自己囊中，将所有名誉光环揽至头顶，结果必将被名缰利锁所困扰。

一天傍晚，两个非常要好的朋友在林中散步。这时，有位小和尚从林中惊慌失措地跑了出来，俩人见状，拉住小和尚问：

"小和尚，你为什么如此惊慌，发生了什么事情？"

小和尚忐忑不安地说："我正在移栽一棵小树，却突然发现了一坛金子。"

这俩人听后感到好笑，说："挖出金子来有什么好怕的，你真是太好笑了。"然后，他们就问，"你是在哪里发现的，告诉我们吧，我们不怕。"

和尚说："你们还是不要去了吧，那东西会吃人的。"

两人哈哈大笑，异口同声地说："我们不怕，你告诉我们它在哪里吧。"

于是和尚只好告诉他们金子的具体地点，两个人飞快地跑进树林，果然找到了那坛金子。好大一坛黄金！

一个人说："我们要是现在就把黄金运回去，不太安全，还是等到天黑以后再运吧。现在我留在这里看着，你先回去拿点儿饭菜，我们在这里吃过饭，等半夜的时候再把黄金运回去。"于是，另一个人就回去取饭菜了。

留下来的这个人心想："要是这些黄金都归我，该有多好！

等他回来，我一棒子把他打死，这些黄金不就都归我了吗？"

回去的人也在想："我回去之后先吃饱饭，然后在他的饭里下些毒药。他一死，这些黄金不就都归我了吗？"

不多久，回去的人提着饭菜来了，他刚到树林，就被另一个人用木棒打死了。然后，那个人拿起饭菜，吃了起来，没过多久，他的肚子就像火烧一样痛，这才知道自己中了毒。临死前，他想起了和尚的话："和尚的话真对啊，我当初就怎么不明白呢？"

人为财死，鸟为食亡。可见，"财"这只拦路虎，它美丽耀眼的毛发确实诱人，人一旦骑上去，又无法使其停住脚步，最后必将摔下万丈深渊。

名利，就像是一座豪华舒适的房子，人人都想走进去，只是他们从未意识到，这座房子只有进去的路，却没有出来的门。枷锁之所以能束缚人，房子之所以能困住人，主要是因为当事人不肯放下。放不下金钱，就做了金钱的奴隶；放不下虚名，就成了名誉的囚徒。

庄子在《徐无鬼》篇中说："钱财不积则贪者忧；权势不尤则夸者悲；势物之徒乐变。"追求钱财的人往往会因钱财积累不多而忧愁，贪心者永不满足；追求地位的人常因职位不够高而暗自悲伤；迷恋权势的人，特别喜欢社会动荡，以求在动乱之中借机扩大自己的权势。而这些人，正是星云大师所说的"想不开、看不破"的人，注定烦恼一生。

权势等同枷锁，富贵有如浮云。生前枉费心千万，死后空持手一双。莫不如退一步，远离名利纷扰，给自己的心灵一片可自由驰骋的广袤天空，于旷达开阔的境界中欣赏美丽的世间风景。

名利不过是生命的尘土

有一位高僧，是一座大寺庙的住持，因年事已高，心中思考着找接班人。

一日，他将两个得意弟子叫到面前，这两个弟子一个叫慧明，一个叫尘元。高僧对他们说："你们俩谁能凭自己的力量，从寺院后面悬崖的下面攀爬上来，谁将是我的接班人。"

慧明和尘元一同来到悬崖下，那真是一面令人望而生畏的悬崖，崖壁极其险峻、陡峭。

身体健壮的慧明，信心百倍地开始攀爬。但是不一会儿他就从上面滑了下来。

慧明爬起来重新开始，尽管他这一次小心翼翼，但还是从悬崖上面滚落到原地。

慧明稍事休息后又开始攀爬，尽管摔得鼻青脸肿，他也绝不放弃……

让人感到遗憾的是，慧明屡爬屡摔，最后一次他拼尽全身之力，爬到一半时，因气力已尽，又无处歇息，重重地摔到一块大石头上，当场昏了过去。高僧不得不让几个僧人用绳索将他救了

回去。

接着轮到尘元了，他一开始也和慧明一样，竭尽全力地向崖顶攀爬，结果也屡爬屡摔。

尘元紧握绳索站在一块山石上面，他打算再试一次，但是当他不经意地向下看了一眼以后，突然放下了用来攀上崖顶的绳索。然后他整了整衣衫，拍了拍身上的泥土，扭头向着山下走去。

旁观的众僧都十分不解，难道尘元就这么轻易地放弃了？大家对此议论纷纷。只有高僧静静地看着尘元的去向。

尘元到了山下，沿着一条小溪顺水而上，穿过树林，越过山谷，最后没费什么力气就到达了崖顶。

当尘元重新站到高僧面前时，众人还以为高僧会痛骂他贪生怕死、胆小怯弱，甚至会将他逐出寺门。谁知高僧却微笑着宣布将尘元定为新一任住持。众僧皆面面相觑，不知所以。

尘元向其他人解释："寺后悬崖乃是人力不能攀登上去的。但是只要在山腰处低头看，便可见一条上山之路。师父经常对我们说'明者因境而变，智者随情而行'，就是教导我们要知伸缩退变啊！"

高僧满意地点了点头说："若为名利所诱，心中则只有面前的悬崖绝壁。天不设牢，而人自在心中建牢。在名利牢笼之内，徒劳苦争，轻者苦恼伤心，重者伤身损肢，极重者粉身碎骨。"随后，高僧将衣钵锡杖传交给了尘元，并语重心长地对大家说："攀爬悬崖，意在勘验你们的心境，能不入名利牢笼，心中无碍，顺天而行者，便是我中意之人。"

不去追求虚假的得益，实实在在地施为，高僧传达的正是这个意旨。在这个世界上，名与利通常都是人们追逐的目标。虽然人人都道"富贵人间梦，功名水上鸥"，可真正要一人放弃对名利的追求，如自断肱骨，是难而又难的。对于名利的追求，已经渗入我们的骨髓了。谁不爱名利呢？名利能给人带来优越的生活，显赫的地位。

然而，谁又能保证这种"心想事成"的梦幻生活，能保持5年、10年，甚至更久？13岁的李叔同就能写出"人生犹似西山月，富贵终如草上霜"的诗句，佛意十足。他自己也真正视名利如浮云，飘然出家。

出家，不过出的是家门，人仍在红尘内，名与利仍然如炎夏的蔓藤伸出小而软的触手，纠缠不清。做和尚也是有三六九等的，普通僧人青灯古卷，寒衣草履，有权势的僧人也会出入高屋庙堂与政要周旋，来往前呼后拥，排场十足。弘一法师对此深感惋惜，而他自己对功名利禄则是毫无兴趣。

弘一法师出家后，极力避免陷入名利的泥沼自污其身，因此从不轻易接受善男信女的礼拜供养。他每到一处弘法，都要先立三约：一不为人师，二不开欢迎会，三不登报吹嘘。他谢绝俗缘，很少与俗人来往，尤其不与官场人士接触。

那时弘一法师在温州庆福寺闭关静修时，温州道尹张宗祥慕名前来拜访。能与道尹结交，是一般人求之不得的事情，弘一法师却拒不相见。无奈张宗祥深慕法师大名，非见不可，弘一法师的师父寂山法师只好拿着张宗祥的名片代为求情，弘一央告师父，甚至落泪："师父慈悲！师父慈悲！弟子出家，非谋衣食，纯为了生死大事，妻子亦均抛弃，况朋友乎？乞婉言告以抱病不见客可也！"

张宗祥无奈，只好怏怏而去。

一个人，心要像明月一样皎洁，像天空一样淡泊，才能做到与人无争、与世无争。人世皆无争，才能安心做一名淡泊名利的人。心安定了，才能专注于修行。弘一法师研修律宗，最后能成为一代宗师，与他淡泊名利的心境是分不开的。

慧忠禅师曾经对众弟子说："青藤攀附树枝，爬上了寒松顶；白云疏淡洁白，出没于天空之中。世间万物本来清闲，只是

人们自己在喧闹忙碌。"世间的人在忙些什么呢？其实不外乎名、利两个字。不入名利牢笼，才能专注于眼前事、当下事，没有烦忧，达到洒脱的精神境界。

尘世浮华如过眼云烟

人生像一场梦，无定、虚妄、短促，还要承受某些无法避免的痛苦。人生就像天气一样变幻莫测，有晴有雨，有风有雾。无论谁的人生，都不可能一帆风顺，况且，一帆风顺的人生，就像是没有颜色的画面，苍白枯燥。

一个经历过苦难的人，即使他现在的生活依旧被困境所包围，他的内心也不会有太多的痛苦，苦难之于他，早已化为过去的云烟。生命的诞生即是体味困苦的开始，而因为惧怕苦痛而躲避在尘世之外，则永远也尝不到真正的快乐。

等人老了的时候，回过头看看自己走过的路，开心的、伤心的，不都成了过眼云烟吗？一路走过来，难免会有许多辛酸的泪水，难免会有许多欢乐的笑声，当一切成为过去，谁还记得曾经有多痛，曾经有多快乐。

按照这种思路想来，一切都会过去。那么，对于眼前的不幸，又何必过于执着？尘世的一切荣华富贵，或是苦难病痛，最终都会如云烟般消散，既然如此，无论是幸或不幸，便没有了执着的缘由。

上帝经常听到尘世间万物抱怨自己命运不公的声音，于是就问众生："如果让你们再活一次，你们将如何选择？"

牛："假如让我再活一次，我愿做一只猪。我吃的是草，挤的是奶，干的是力气活，有谁给我评过功，发过奖？做猪多快活，吃罢睡，睡了吃，肥头大耳，生活赛过神仙。"

猪："假如让我再活一次，我要当一头牛。生活虽然苦点儿，但名声好。我们似乎是傻瓜懒蛋的象征，连骂人也都要说'蠢猪'。"

鼠："假如让我再活一次，我要做一只猫。吃皇粮，拿官饷，从生到死由主人供养，时不时还有我们的同类给它送鱼送虾，很自在。"

猫："假如让我再活一次，我要做一只鼠。我偷吃主人一条鱼，会被主人打个半死。老鼠呢，可以在厨房翻箱倒柜，大吃大喝，人们对它也无可奈何。"

鹰："假如让我再活一次，我愿做一只鸡，渴了有水喝，饿了有米吃，住有房，还受主人保护。我们呢，一年四季漂泊在外，风吹雨淋，还要时刻提防明枪暗箭，活得多累呀！"

鸡："假如让我再活一次，我愿做一只鹰，可以翱翔天空，任意捕兔捉鸡。而我们除了生蛋、报晓外，每天还胆战心惊，怕被捉被宰，惶惶不可终日。"

女人："假如让我再活一次，一定要做个男人，经常出入酒吧、餐馆、舞厅，不做家务，还摆大男子主义，多潇洒！"

男人："假如让我再活一次，我要做一个女人，上电视、登报刊、做广告，多风光。长得漂亮，一句嗲声嗲气的撒娇，一个朦胧的眼神，都能让丈夫神魂颠倒。"

上帝听后，大笑起来，说道："一派胡言，一切照旧！还是做你们自己吧！"

人们总渴望获得那些本不属于自己的东西，而对自己所拥有的不加以珍惜。其实，每一个生命的个体之所以存在于这个世界上，自有它存在的意义；每一个人所得的上帝一样不会少给，不该得的，绝不会多给。因此，安心做自己，才是智慧的人。

只有安心做自己的人，才能领会放下的大意境，明天在不断更新，何必总是着眼于过去呢？其实，一切事物都是不增不减的，它有它自然循环的道理。繁华的世态看似好，让人可以过享尽荣华富贵的生活，所以人们不遗余力地追求，但它背后的真实不过如此，为了追求它，人们在不留神之际便沦陷成名利的玩物，失去快乐的生活。在这里，并不是要人们面对幸福和易于得来的金钱而不去享用，只是把这些看得透彻些，活在当下，自在自然，坦然接受所拥有和能够拥有的一切，面对贫富的变化少一些迷茫，多一些坦然，真正的幸福才能不请自来。

名声长久而短暂

看看周围那些你熟知的人，他们之中的一部分可能没有目标，做着一些对自己、对别人都毫无益处的事情，却不明白自己身上真正的本性是怎样的，有一点虚名就会沾沾自喜。这样的做法是不明智的，相反地，在做事情之前，我们一定要弄清楚自己的本性是什么，之后遵从自己的本性，只做属于自己本性的事情。一定要记住，你做的每一件事都要以这件事情的本身价值来进行判断，不要过分注意那些鸡毛蒜皮的小事，你将会对命运的安排和生活的赐予感到满足。

过去熟悉的一些词语现在已经不用了。同样，有些曾经风光一时的名字如今也不被大众所熟悉，例如卡米卢斯、恺撒、沃勒塞斯、邓塔图斯以及稍后一些时候的西庇阿、加图，然后是奥古斯都，还有哈德里安和安东尼。这些事情很快就过去了，变成了历史，甚至有可能被有些人忘记了。所以，认识到了本性的人，早就放弃了对名利的追求，即使他们偶然获得了荣誉，也完全不放在心上，只会淡化自己对于名利的渴望和与人攀比的虚荣。

居里夫人因取得了巨大的科学成就而天下闻名，她一生获得各种奖金颇多，各种奖章16枚，各种名誉头衔117个，但她对此全不在意。

有一天，她的一位朋友来访，发现她的小女儿正在玩一枚金质奖章，而那枚金质奖章正是大名鼎鼎的英国皇家学会刚刚颁给她的。这位朋友不禁大吃一惊，忙问："居里夫人，能够得到一枚英国皇家学会的奖章是极高的荣誉，你怎么能给孩子玩呢？"

居里夫人笑了笑说："我是想让孩子从小就知道，荣誉就像玩具，只能玩玩而已，绝不能够永远守着它，否则将一事无成。"

1921年，居里夫人应邀访问美国，美国妇女为了表示崇拜之情，主动捐赠1克镭给她，要知道，1克镭的价值是在百万美元以上的。

这是她急需的。虽然她是镭的母亲——发现者（但她放弃为此而申请专利），但她买不起昂贵的镭。

在赠送仪式之前，当她看到《赠送证明书》上写着"赠给居里夫人"的字样时，她不高兴了。她声明说："这个证书还需要修改。美国人民赠送给我的这1克镭永远属于科学，但是假如就这样规定，这1克镭就成了我的私人财产，这怎么行呢？"

主办者在惊愕之余，打心眼儿里佩服这位大科学家的高尚人品，马上请来一位律师，把证书修改后，居里夫人这才在《赠送证明书》上签字。

居里夫人的成就在科学史上是空前的，可是她早就看淡了名利，这并不是每个人都能做到的。人的行为都是受欲望支配的，可欲望是无穷的，尤其是对于外部物质世界的占有欲，更是一个无底深渊。现实生活中，到处都是诱惑，人的占有欲往往就这样被强烈地激发出来。但是，虽然人们承认欲望的客观存在，并不代表肯定欲望本身，欲望的永无休止只会给我们带来更深重的灾难，所以我们竭力要避免和舍弃的东西正是在欲望的支配下对名利无休无止的渴望。

可以有欲望，但不可有贪欲

伊索有句话说："许多人想得到更多的东西，却把现在所拥有的也失去了。"对于生活，普通的老百姓没有那么多言辞来形容，但是他们有自己的一套语言。于是，老人们会在我们面前念叨："做人啊，要本分，不要丢了西瓜捡芝麻。"这个道理其实与文化人伊索说的是一样的。

的确，人生的沮丧很多都是源于得不到的东西，我们每天都在奔波劳碌，每天都在幻想填平心里的欲望，但是那些欲望却像是反方向的沟壑，你越是想填平，它就越向下凹得越深。

欲望太多，就成了贪婪。贪婪就好像一朵艳丽的花朵，美得让你兴高采烈、心花怒放，可是你在注意到它的娇艳的同时，却忘了提防它的气味，那是一种让你身心疲惫却永远也感受不到幸福的毒药。从此，你的心灵被索求所占据，你的双眼被虚荣所遮蔽。

年轻的时候，艾莎比较贪心，什么都追求最好的，拼了命想抓住每一个机会。有一段时间，她手上同时拥有13个广播节目，每天忙得昏天黑地，她形容自己："简直累得跟狗一样！"

事情总是对立的，所谓有一利必有一弊，事业愈做愈大，压力也愈来愈大。到了后来，艾莎发觉拥有更多、更大不是乐趣，反而成为一种沉重的负担。她的内心始终有一种强烈的不安笼罩着。

1995年，"灾难"发生了，她独资经营的传播公司日益亏损，交往了7年的男友和她分手……一连串的打击直奔她而来，就在极度沮丧的时候，她甚至考虑结束自己的生命。

在面临崩溃之际，她向一位朋友求助："如果我把公司关掉，我不知道我还能做什么？"朋友沉吟片刻后回答："你什么都能做，别忘了，当初我们都是从'零'开始的！"

这句话让她恍然大悟，也让她勇气再生："是啊！我们本来就是一无所有，既然如此，又有什么好怕的呢？"就这样念头一转，她不再沮丧。没想到，在短短半个月之内，她连续接到两笔很大的业务，濒临倒闭的公司起死回生。

历经这些挫折后，艾莎体悟到了人生"无常"的一面：费尽了力气去强求，虽然勉强得到，最后留也留不住；而一旦放空了，随之而来的可能是更大的能量。她学会了"舍"。为了简化生活，她谢绝应酬，搬离了150平方米的房子，索性以公司为家，挤在一个10平方米不到的空间里，淘汰不必要的家当，只留下一张床、一个小茶几，还有两只为她做伴的小狗。

艾莎这才发现，原来一个人需要的其实那么有限，许多附加的东西只是徒增无谓的负担而已。

人人都有欲望，都想过美满幸福的生活，都希望丰衣足食，这是人之常情。但是，如果把这种欲望变成不正当的欲求，变成无止境的贪婪，那无形中就成了欲望的奴隶。

在欲望的支配下，我们会为了权力、为了地位、为了金钱而疲于奔命。我们常常感到自己非常累，但仍觉得不满足，因为在我们看来，很多人生活得比自己更富足，很多人的权力比自己的大。所以我们别无出路，只能硬着头皮往前冲，在无奈中透支着体力、精力与生命。

这样的生活，能不累吗？被欲望沉沉地压着，能不精疲力竭吗？静下心来想一想：有什么目标真的非要实现不可，又有什么东西值得我们用宝贵的生命去换取？

放弃生活中的"第四个面包"

非洲草原上的狮子吃饱以后，即使羚羊从身边经过，也懒得抬一下眼皮；瑞士的奶牛也是一样，只要吃饱了肚子，它就会闲卧在阿尔卑斯山的斜坡上，一边享受温暖的阳光，一边慢条斯理地反刍。

有一位作家非常赞赏瑞士奶牛和非洲狮子的生存哲学。他说，假如你的饭量是三个面包，那么你为第四个面包所做的一切努力都是愚蠢的。

王立有一个做医生的朋友，几年前王立到一个宾馆去开会，一眼瞥见领班小姐，貌若天仙，便上前搭讪。小姐莞尔一笑，用一种很不经意的口气说："先生，没看见你开车来哦！"他当即如五雷轰顶，大受刺激，从此立志加入有车族。后来朋友和王立在一起吃饭，几杯酒下肚之后，朋友告诉王立，准备把开了一年的"昌河"小面包卖掉，换一辆新款的"爱丽舍"，然后又问王

在欲望的支配下，我们会为了权力、为了地位、为了金钱而疲于奔命。

立买车了没有？王立老老实实地回答，还没有，而且在看得见的将来也没有这种可能性。他同情地看着王立："唉！一个男人，这一辈子如果没有开过车，那实在是太不幸了。"

这顿饭让王立吃得很惶惑。因为按他目前的收入水平，买辆"爱丽舍"，他得不吃不喝地攒上好几年。更糟糕的是，若他有一天终于买上了汽车，也许在他还没有来得及品味"幸福"滋味的时候，一个有私人飞机的家伙对他说："作为一个男人，没开过飞机太不幸了！"那他这辈子还有救吗？

这个问题让王立坐立不安了很长时间。如何挽救自己，免于堕入"不幸"的深渊，让他甚为苦恼。直到有一天，他无意中看到这样一段话：有菜篮子可提的女人最幸福。因为幸福其实渗透在我们生活中点点滴滴的细微之处，人生的真味存在于诸如提篮买菜这样平平淡淡的经历之中。我们时时刻刻拥有着它们，却无视它们的存在。

王立恍然大悟。原来他的朋友在用一个逻辑陷阱蓄意误导他：没有汽车是不幸的。你没有汽车，所以你是不幸的。但这个大前提本身就是错误的，因为"汽车"与"幸福"并无必然的联系。

在一个成功人士云集的聚会上，王立激动地表达了自己内心深处对幸福生活的理解："不生病，不缺钱，做自己爱做的事。"会场上爆发了雷鸣般的掌声。

成功只是幸福的一个方面，而不是幸福的全部。人们对"成功"的需求是永无止境的，没完没了地追求来自外部世界的诱惑——大房子、新汽车、昂贵服饰等，尽管可以在某些方面得到物质上的快乐和满足，但是这些东西最终带给我们的是患得患失的压力和令人疲惫不堪的混乱。

2000多年前，苏格拉底站在熙熙攘攘的雅典集市上叹道："这儿有多少东西是我不需要的！"同样，在我们的生活中，也有很多看起来很重要的东西，其实，它们与我们的幸福并没有太大关系。我们对物质不能一味地排斥，毕竟精神生活是建立在物质生活之上的，但不能被物质约束。面对这个已经严重超载的世界，面对已被太多的欲求和不满压得喘不过气的生活，我们应当学会用好生活的减法，把生活中不必要的繁杂除去，让自己过一种自由、快乐、轻松的生活。

莫为名利诱，量力缓缓行

懂得知足的人往往会量力而行。即使前面有很多诱惑，但是他仍然能够不为所动，仔细斟酌自己一天至多能行多远。他深思熟虑之后才去安排行程。尤其是在一条从没走过的道路，他会花费更多的心思去衡量：何处崎岖、何处坎坷、何处严寒、何处酷热，他都要弄得一清二楚。不管别人给他施加多少压力，或者前方有多少诱惑，他都不急不躁，沿着既定的路线缓缓而行。

蒋方初到广州时，曾为找工作奔波了好长一段时间，起初他见几个跑业务的同学业绩不俗，赚了不少钱，学中文专业的他便找了家公司做业务员，然而，辛辛苦苦跑了几个月，不但没赚到钱，人倒瘦了十几斤。同学们分析说："你能力不比我们差，但你的性格内向，不爱与人交谈、沟通，不善交际，因此不太适合跑业务……"

后来蒋方见一位在工厂做生产管理的朋友薪水高、待遇好，便动了心，费尽心力谋到了一份生产主管的职位，可是没做多久他就因管理不善而引咎辞职了。之后，蒋方又做过公司的会计、餐厅经理等，最终出于各种原因都被迫离职。

最后，蒋方痛定思痛，吸取了前几次的教训，不再盲目追

逐高薪或舒适的职位，而是依据自己的爱好和特长，凭借自己的中文系本科学历和深厚的文字功底，应聘到一家刊物做了文字编辑。这份工作相比以前的职位，虽然薪水不高，工作量也大，但蒋方却做得非常开心，工作起来得心应手。几个月下来，他就以自己突出的能力和表现让领导刮目相看，器重有加。回顾以往的工作历程，蒋方深有感触地说："无论是工作还是生活，我们都应当根据自己的能力找到合适自己的位置。一味地追逐高薪、舒适的工作，曾让我吃尽了苦头，走了不少弯路。事实上，我们无论做什么事都应结合自身条件，依据自己的爱好和特长去选择相应的事来做。放弃那些不适合自己的生活，只有这样我们才会快乐。"

就如同故事里的蒋方，很多人都是受到了生活的诱惑，总觉得自己有能力可以获取更多，可是事实是我们还不具备那么多的力量，贪图诱惑，朝着更大的目标行进，只会加大我们的压力，让自己无法适从。

生活中，有人看到了巨大的利益，所以不停地调整自己的路线，甚至急躁地想要直奔利益的终点，可是急于求成的人往往会事倍功半。还有一些人，他们整天都在为了未来的事情操心，可能几十年以后才面对的难处，他们现在就开始忧心忡忡了。但是命运只肯按照现实的样子向我们展示，根本不可能因为我们的急躁就提前向我们展开未来的画卷。所以，我们只能按照自己既定的生活之路，一步一步地为未来打开局面。

过重的名誉会压断你起飞的翅膀

有一篇《蜗牛的奖杯》的文章。讲的是蜗牛原先善于飞行，在一次飞行比赛中荣获冠军，得到了一个奖杯，便成天背在身上，日久天长，奖杯成了外壳，翅膀也退化了，它只能慢慢爬行。做人也是一样，不能永远背着荣誉的外壳，要学会淡忘曾经的荣誉，才能走得更远，飞得更高。

信陵君杀死晋鄙，拯救邯郸，击破秦兵，保住赵国，赵孝成王准备亲自到郊外迎接他。唐雎对信陵君说："我听人说：'事情有不可以让人知道的，有不可以不知道的；有不可以忘记的，有不可以不忘记的。'"

信陵君说："你说的是什么意思呢？"唐雎回答说："别人厌恨我，不可不知道；我厌恨人家，又不可以让人知道。别人对我有恩德，不可以忘记；我对人家有恩德，不可以不忘记。如今您杀了晋鄙，救了邯郸，破了秦兵，保住了赵国，这对赵王是很大的恩德啊，现在赵王亲自到郊外迎接您，我们仓促拜见赵王，我希望您能忘记救赵的事情。"信陵君说："我谨遵你的教诲。"

唐雎叫信陵君谦虚谨慎，淡忘功劳，这的确是高明的处世哲学。其实不仅仅是做人，在市场经济的大潮中，同样需要淡泊曾经的功劳。

有资料称，每当年终岁末，日本的企业都要召开"忘年会"。会议上没有领导们的长篇总结报告和工作布置，也没有典型发言和表彰先进，只有简短的新年致辞：忘记昨天，新的一年继续努力吧！"忘年会"的内涵提示人们，成绩也好，荣誉也罢，代表的都是过去，在前进的道路上必须甩掉这些包袱，减轻"行囊"创造新的业绩。社会在与时俱进，市场瞬息万变，要发展就必须要创新。要创新，就得将装有"成绩""荣誉"之类的"行囊"减轻直至甩掉，不断地从新的"零"开始，在"白纸"上画新的图画。没有了"包袱"，解放了思想，放开了手脚，在技术创新、体制创新、管理创新、理论创新、经营理念创新等诸多创新中，一定能有所作为，一定能再创辉煌。

同样，在人生旅途中，我们可能会遇到坎坷和不幸，如竞争的失败、家道的中落、不测的病痛和突发的灾难；可能会遇到无端的误解和不公允的际遇；可能会有名利得失和荣辱毁誉；可能会有历史的伤痕和岁月的沧桑；可能会听到无中生有的流言蜚语，捕风捉影、蜚短流长的小道新闻……

如果一切都是不可避免的，那我们不妨挥一挥衣袖，学会淡忘，淡忘应该淡忘的一切。淡忘功名利禄，那将使你不会高高在上，不会拥有那种孤独的高处不胜寒的悲凉；淡忘曾经的痛楚，那将有助于你寻找到另一份真正属于自己的幸福；淡忘曾经的仇恨，那将帮助你开辟另一条通往成功的大道；淡忘曾经的成功，那将有助于把你带往人生新的高峰。

放弃复杂欲求，恢复简单生活

生活在当下，我们是否应该审视一下现代人的生活？所有人都莫名其妙地忙碌着，被包围在混乱的杂事、杂务，尤其是杂念之中，一颗颗跳动的心被挤压成了有气无力的皮球，在坚硬的现实中疲软地滚动着。也许是因为在竞争的压力下我们丧失了内心的安全感，于是就产生了担心无事可做的恐惧，所以才急着找事做来安慰自己。这样不知不觉中，我们已经陷入了一种恶性循环，离真正的快乐，甚至真正的生活越来越远。

在20世纪末，人类对自然的征服可谓达到了顶峰，人们恨不得把地球上能开发的地方都开发出来以满足人们日益增长的消费需求？我们深深地被工业、电子、传媒、科技等人工产业紧紧地包围着。信息的汹涌和浩大正如大海的波涛一样，我们每一个人都在这海里沉浮着，在一层层海浪的推举下荡来荡去。也许我们并没失去什么，却凭空地感到凄凉。现代人已经很难找到宁静和从容，找到自己内心的真实。

很多时候，并不是我们在行动，而是大海的

力量左右我们的行动。但如果我们认识到自己的处境，从而奋力反抗时势的捉弄，还有可能获得抵达遥远彼岸的希望。可怕的是，我们并没有充分认识到这一点，我们的心已被时代蒙住，看不到自我行动的艰难，而思想的孱弱顺理成章，又极易把被动错认成自由。

也许是我们真的太累了。在追逐生活的过程中，我们也应该尝试着放弃一些复杂的东西，还原生命的本源，让一切都恢复简单的面孔。其实生活本身并不复杂，复杂的只是我们的内心。所以，要想恢复简单的生活，必须重新开始。

让生命逍遥自在

古今中外，为了生命的自由、潇洒，不少智者都懂得与名利保持距离。

惠子在梁国做了宰相，庄子想去见见这位好友。有人急忙报告惠子："庄子来了，是想取代您的相位吧。"惠子很恐慌，想阻止庄子，派人在梁国搜了三日三夜。不料庄子从容而来拜见他，说："南方有只鸟，其名为凤凰，您可听说过？这凤凰展翅而起。从南海飞向北海，非梧桐不栖，非练实不食，非醴泉不饮。这时，有只猫头鹰正津津有味地吃着一只腐烂的老鼠，恰好凤凰从头顶飞过。猫头鹰急忙护住腐鼠，仰头视之道：'吓！'现在您也想用您的梁国相位来吓我吗？"惠子十分羞愧。

一天，庄子正在濮水垂钓。楚王委派的两位大夫前来聘请他："吾王久闻先生贤名，欲以国事相累。"庄子持竿不顾，淡然说道："我听说楚国有只神龟，被杀死时已三千岁了。楚王珍藏之以竹箱，覆之以锦缎，供奉在庙堂之上。请问大夫，此龟是宁愿死后留骨而贵，还是宁愿生时在泥水中潜行曳尾呢？"两位大夫道："自然是愿意在泥水中摇尾而行了。"庄子说："两位大夫请回去吧！我也愿在泥水中曳尾而行。"

庄子不慕名利，不恋权势，为自由而活，可谓洞悉幸福真谛的达人。

人活在世界上，无论贫穷富贵，穷达逆顺，都免不了与名利打交道。《清代皇帝秘史》记述乾隆皇帝下江南时，来到江苏镇江的金山寺，看到山脚下大江东去，百舸争流，不禁兴致大发，随口问一个老和尚："你在这里住了几十年，可知道每天来来往往多少只船？"老和尚回答说："我只看到两只船。一只为名，一只为利。"一语道破天机。

淡泊名利是一种境界，追逐名利是一种贪欲。放眼古今中外，真正淡泊名利的很少，追逐名利的很多。今天的社会是五彩斑斓的大千世界，充溢着各种各样炫人耳目的名利诱惑，要做到淡泊名利确实是一件不容易的事情。

旷世巨作《飘》的作者玛格丽特·米切尔说过："直到你失去了名誉以后，你才会知道这玩意儿有多累赘，才会知道真正的自由是什么。"盛名之下，是一颗活得很累的心，因为它只是在为别人而活着。我们常羡慕那些名人的风光，可我们是否了解他们的苦衷？其实大家都一样，希望能活出自我，能活出自我的人生才更有意义。

世间有许多诱惑：桂冠、金钱，但那都是身外之物，只有生命最美，快乐最贵。我们要想活得潇洒自在，要想过得幸福快乐，就必须做到：学会淡泊名利，割断权与利的联系，无官不去争，有官不去斗；位高不自傲，位低不自卑，欣然享受清心自在的美好时光，这样就会感受到生活的快乐和惬意。否则，太看重权力地位，让一生的快乐都毁在争权夺利中，那就太不值得，也太愚蠢了。

当然，放弃荣誉并不是寻常人具有的，它是经历磨难、挫折后的一种心灵上的感悟，一种精神上的升华。"宠辱不惊，去留无意"说起来容易，做起来却十分困难。红尘的多姿、世界的多彩令大家怦然心动，名利皆你我所欲，又怎能不忧不惧、不喜不悲呢？否则也不会有那么多的人穷尽一生追名逐利，更不会有那么多的人失意落魄、心灰意冷了。只有做到了宠辱不惊、去留无意方能心态平和，恬然自得，方能达观进取，笑看人生。

第二章

不纠结过去，不忧心未来

当下的内容是唯一的真实

人生是一次单程旅行。生命的列车一旦启动，就会朝着一个地方隆隆驶去，绝无掉头的可能。我们每个乘坐这辆列车的人都要明白：昨天已经过去了，而今天也将转瞬即逝。珍惜现在的拥有，好好把握今天，才不愧对人生。

有个小和尚负责清扫寺院里的落叶。这是件苦差事。秋冬之际，每次起风，树叶总是随风飞舞。每天早上都需要花费许多时间才能清扫完树叶，这让小和尚头痛不已。他一直想要找个好办法让自己轻松些。

后来有个和尚跟他说："你在明天打扫之前先用力摇树，把落叶都摇下来，后天就可以不用扫落叶了。"小和尚觉得这是个好办法，于是隔天他起了个大早，使劲地猛摇树，以为这样就可以把今天跟明天的落叶一次扫干净了，他一整天都很开心。

第二天，小和尚到院子里一看，不禁傻眼了，院子里如往日一样满地的落叶。

老和尚走了过来，对小和尚说："傻孩子，无论你今天怎么用力，明天的落叶还是会飘下来。"

小和尚终于明白了，世上有很多事是无法提前的，唯有认真地活在当下，才是最真实的人生态度。

昨天是一张作废的支票，明天是一张期票，而今天是你唯一拥有的现金，所以应该聪明把握。很多人都有这样的习惯，他一边后悔着昨天的虚度，一边下定决心，从明天开始做出改变，而今天就在这后悔和决心之余被他轻轻放过。其实，很多人都不知道，你所能拥有的只有实实在在的今天。只有好好把握今天，明天才会更美好、更光明。

王子猷弃官后住在山阴，一天夜晚下大雪，他一觉醒来，打开房门，命仆人酌酒，四周望去，白茫茫一片。就起身徘徊，吟

幸福有时就在我们的手中，但是拥有幸福的我们却不知道，也不懂得珍惜。

咏左思的《招隐诗》，忽然想起戴安道（戴逵字安道）。当时戴安道在剡县，王子猷就在夜晚乘小船到戴安道那里去。走了一夜才走到，到戴安道门前却不上前敲门就又返回了。有人问他这样做的缘故，王子猷回答说："我本来是乘兴而来，现在兴尽就返回家，为什么一定要见到戴安道？"

对于当下奔波于尘世之中那些忙忙碌碌的人来说，谁还会不计成本不计时间去做这些事情？纵然是心向往之，也难以真的落到实处去。其实，这种有趣味的态度才是对生命的认真，因为生命本身就是快乐的，能从中体味到这一点的人才是真正懂得享受生活、懂得幸福真谛的人。

幸福是太多和太少之间的一站。

幸福有时就在我们的手中，但是拥有幸福的我们却不知道，也不懂得珍惜。人世间的痛苦莫过于去追求自己手中已有的事物，而我们却为"得不到"常常忧思。珍惜现在所拥有的吧，不要等到失去了才觉得原来幸福曾经来过。

活在当下就要满足当前的现状，要相信每一个时刻发生在你身上的事情都是最好的，要相信自己的生命正以最好的方式展示；你如果抱怨现状不好，只是因为你不知道还有更坏的，如果你不活在当下，就会失去当下。

活在当下，应该放下过去的烦恼，舍弃未来的忧思，顺其自然。把全部的精神用来承担眼前的这一刻，因为失去此刻便没有下一刻，不能珍惜今时也就无法向往未来。

静下心来，成功就在不远处

罗马非一日建成，冰冻三尺非一日之寒，追求效率原本没错，然而，一旦陷入浮躁的旋涡之中，失败便已注定了。

子夏一度在莒父做地方首长，他来向孔子问政，孔子告诉他为政的原则："无欲速，无见小利；欲速则不达，见小利则大事不成。"就是要有长远的眼光，百年大计，不要急功近利，不要想很快就能拿成果来表现，也不要为一些小利益花费太多心力，要顾全大局。"欲速则不达"便是其中的核心与关键，这是人所共知的道理。

确实，一味地求急图快，结果只能是越急事情越办不好，这和人们常说的"心急吃不了热豆腐"是同一个道理。万事万物都有一定的发展规律，越是着急，就越是会把事情弄得一团糟。

破茧成蝶的过程原本就非常痛苦与艰辛，但只有付出这种辛劳才能换来日后的翩翩起舞。外力的帮助，反而让爱变成了害，违背了自然的过程，最终让蝴蝶悲惨地死去。自然界中这一微小的现象放大至人生，意义深远。

曾有一位朋友这样诉说自己的苦闷："我这一两年一直心神不定，老想出去闯荡一番，总觉得在我们那个破单位待着憋闷得慌。看着别人房子、车子、票子都有了，心里慌啊！以前也做过几笔买卖，都是赔多赚少；我去摸奖，一心想成个暴发户，可结

及时地给自己的心灵洗个澡，去除掉那些躁进的因子，恢复一颗淡泊、宁静的心，人生才会拥有更大的幸福和更多的快乐。

果花了几千元连个声响都没听着，就没有影了；后来又跳了几家单位，不是这个单位离家太远，就是那个单位专业不对口，再就是待遇不好，总之找个合适的工作太难啊！天天跟无头的苍蝇一般，反正，我心里就是不踏实，闷得慌。"

这便是现代人典型的"浮躁"心理，面对急剧变化的社会，不知所以，对前途毫无信心，心神不定，焦躁不安，于是，行动之前缺乏思考，变得盲目，只要能满足自己想要的，甚至可以不择手段。

其实，静下心来，耐心地去追求自己想要的，成功就在不远处。

现代人仿佛患上了浮躁的心理疾病，它使人失去了对自我的准确定位，使人随波逐流，使人漫无目的地努力，最终的结果必定是事与愿违。欲速则不达的道理大家都懂，但在实际行动中却总是背道而驰。就连宋朝著名的朱熹也曾犯过同样的错，直到中年时，才感觉到，速成不是创作的良方，之后经过一番苦功方有所成。他用"宁详毋略，宁近毋远，宁下毋高，宁拙毋巧"这十六字箴言对"欲速则不达"作了最精彩的诠释。

我们需铭记"非淡泊无以明志，非宁静无以致远"，时时审视心灵深处的浮躁，时时提醒自己"一口吃不成个胖子"，及时地给自己的心灵洗个澡，去除掉那些躁进的因子，恢复一颗淡泊、宁静的心，人生才会拥有更大的幸福和更多的快乐。

安贫乐道，静享人生

那些为了利而舍生、为了利而舍义、为了利而舍弃人格的行为，显然并非人们所推崇的。用一种世俗的话来说，我们努力赚钱，不过是为了更好地生活。究竟有多少钱才能过上更好的生活，究竟更好的生活是什么样子的，人们始终无法给出标准答案。

将自己眼前的生活完全交给工作，让自己变成一个百分百的工作狂，即使是赚了许多钱，最多也不过是个赚钱的机器而已。将自己的原则一降再降，让自己变成一个十足的趋利者，即使是获得了许多的财富，最多也不过是财富的附庸而已。将自己的开销一减再减，让自己变成一个完全的守财奴，即使是有座金山藏于家中，最多也不过是个守财奴而已。

银行家在一个沿海小渔村碰到了刚刚靠岸的一艘小渔船，船上只有一个渔夫，却载着几条大的金枪鱼。银行家夸奖渔夫捕鱼的本领好，并且问他捕到这些鱼需要多长时间。渔夫回答说："要不了多长时间。"

银行家接着问："那为什么不多干一会儿，多捕一些鱼呢？"

渔夫说："这些鱼足够一家人吃了。"

银行家又问道："那你剩下的时间都做些什么呢？"

渔夫说："我睡个好觉，钓钓鱼，陪我的孩子玩耍，陪陪我的妻子玛丽亚，每天晚上我都会到村子里去，和朋友们吃吃饭、弹弹吉他。我的生活非常充实。"

银行家说："我是哈佛大学的工商管理硕士，也许我可以帮助你。你应该花更多的时间捕鱼，挣钱买一艘更大的渔船，用大渔船挣来的钱再买更多的渔船，你就拥有一支船队了。你不用再把自己打来的鱼卖给中间商，而是直接卖给加工厂，或者自己做批发零售。你可以离开这个小村子，到墨西哥城，然后到洛杉矶、到纽约，让公司的业务发展壮大。"

渔夫问道："但是这要花多长时间呢？"

银行家回答："大约15年到20年吧。"

"然后怎么样呢？"

银行家笑了笑说："到时候你就可以申请上市，向公众出售公司的股份。你会成为富翁，拥有数百万财产。"

"数百万……然后怎么样呢？"

银行家说："你就可以退休了。你搬到海边的一个小镇上，可以一觉睡到下午，钓钓鱼，陪孩子们玩耍，陪陪妻子，每晚到镇上和朋友们吃吃饭、弹弹吉他。"

渔夫回答说："难道这些不是我现在就已经在做的事吗？"银行家无言以对。

梁实秋在《雅舍小品·图章》中说过："安贫乐道的精神之可贵更难于用三言两语向唯功利是图的人解释清楚的了。""安贫乐道"就是不要太奢侈，尤其在艰难困苦中，不要有过分的满足奢侈的要求。与其在名利的海洋中拼命挣扎，何不在满足的沙滩上安享人生！

什么是衡量人生成功的标准，是财富、是权力，还是享受一份粗茶淡饭的宁静日子？其实，生活有时就是一个圈，无论得到了多少，最终还是像渔夫和银行家的对话一样，回到原点。因此，安贫乐道未必就是不思进取，与之相随的反而还会有一种安全感。

柏杨先生曾说："因为安全感是一种心理状态，所以永无止境。身无一文时，觉得一千元便安全；等到有一千元时，便觉得必须有一万元才安全；等到有一万元时，又觉得非十万元不可。钱数永远是安全感的十分之九，钱再多，它可以很接近安全感，但却一辈子都不能满足安全感，狂追下去的结果，永远达不到目的，反而弄得心如刀割。"一个绝妙的比喻，道出了金钱与安全感的关系。安全感是一种内心宁静的情感诉求，是幸福的前提。也就是说你本着一颗安贫乐道的心去对待生活，才能在满足中获得内心的宁静与真正的幸福。

止水澄波，悟道须静

在当下的生活中，一个人要想获得幸福，必须学会悟道。但怎样才能悟道呢？庄子说一个人必须学会保持自己内心的安静，只有内心安静了，才能在静中映出自己的真实本性，保持本性，获得幸福。

　　黄帝做了19年天子，诏令通行天下，听说广成子居住在崆峒山上，特意前往拜见他。

　　黄帝见到广成子后说："我听说先生已经通晓至道，冒昧地请教至道的精华。我一心想获取天地的灵气，用来帮助五谷生长，用来养育百姓。我又希望能主宰阴阳，从而使众多生灵遂心地成长，对此我将怎么办？"

　　广成子回答说："你所想问的，是万事万物的根本；你所想主宰的，是万事万物的残留。自从你治理天下，天上的云气不等到聚集就下起雨来，地上的草木不等到枯黄就飘落凋零，太阳和月亮的光亮也渐渐地晦暗下来。然而，谗谄之人心地是那么褊狭和恶劣，又怎么能够谈论大道！"

　　黄帝听了这一席话便退了回来，弃置朝政，筑起清心寂智的静室，铺着干净的茅草，谢绝交往，独居三月，再次前往求教。

广成子头朝南地躺着，黄帝则顺着下方，双膝着地匍匐向前，叩头着地行了大礼后问道："听说先生已经通晓至道，冒昧地请教，修养自身怎么样才能活得长久？"

广成子急速地挺身而起，说："问得好！来，我告诉你至道。至道的精髓，幽深邈远；至道的至极，晦暗沉寂。什么也不看什么也不听，持守精神保持宁静，形体自然顺应正道。一定要保持宁寂和清静，不要使身形疲累劳苦，不要使精神动荡恍惚，这样就可以长生。眼睛什么也没看见，耳朵什么也没听到，内心什么也不知晓，这样你的精神定能持守你的形体，形体也就长生。小心谨慎地摒除一切思虑，封闭起对外的一切感官，智巧太盛定然招致败亡。我帮助你达到最光明的境地，直达那阳气的本原。我帮助你进入幽深邈远的大门，直达那阴气的本原。天和地都各有主宰，阴和阳都各有府藏，谨慎地守护你的身形，万物将会自然地成长。我持守着浑一的大道而又处于阴阳二气调谐的境界，所以我修身至今已经1200年，而我的身形还从不曾有过衰老。"

黄帝再次行了大礼叩头至地说："先生真可说是跟自然混而为一了！"

广成子主要说的是怎样才能得道，我们却可以从中体悟到"静"的作用，每个人想要得到幸福，都要保持自己心灵的平静。如果你的生命一直处于烦躁、嘈杂的状态之中，怎能找到自己的心灵呢？内心的平静是智慧的珍宝、长久努力自律的成果，它呈现出丰富的经验与不凡的真知灼见。一个人即使身处闹市，也要保持静的状态。

人们认为自己的想法愈成熟，自己就会变得愈沉稳，要有这样的体认必须了解别人亦是如此。他若有正确的体认，借着因果道理愈来愈透彻明白事物的关联性，便不再惊慌失措、焦虑悲伤，而是稳重镇定、从容沉着。

一个安静的人，因为学会自制，知道如何配合别人，而别人相对地也会敬重他的风范，从中学习并仰慕他。一个人的心愈是静，他的成就、影响力愈大，力量愈持久。头脑普通的生意人若能更自制与沉着，会发觉自己的生意日益兴隆，道理即因一般人喜欢与看来稳重的人交易买卖。

若你受内心多变的情绪左右，则你需要他人或外力协助你踏稳生活的步伐。一旦自行踏稳了步伐且稍有成就时，则需学习克服并面对诸多干扰和妨碍。每天都应该练习修养心灵，亦即所谓的"进入静谧"。此方法能排除烦忧，换来平静，且化弱为强。

宁静是福，生活在喧嚣吵闹的都市中的人们，可能更懂得平静的弥足珍贵。与宁静的生活相比，追逐名利的生活是多么不值一提。宁静的生活是在真理的海洋中，在激流波涛之下，不受风暴的侵扰，保持永恒的安宁。

何必寻愁觅恨怨东风

"百年三万六千日，不在愁中即病中。"古人的诗句可谓一语道破了人生的真谛。世界上的人，每天大都在忙碌、不安和烦恼中度过，一个烦恼过去，下一个烦恼又来了，愁工作、愁财富、愁子女，甚至有时候顾影自怜……总之，各种各样的烦恼层出不穷，永不停息。

人们每天都在烦恼些什么呢？所有人都在"无故寻愁觅恨"，其实生活中很多人都是如此。每天都被各种各样莫名其妙

没有可怨的，把东风都要怨一下。闲来无事在愁。
闲愁究竟有多少？讲不出来的闲愁有万种。

的烦恼所包围，明明没有什么事情，却仍然急躁不安，心灵永远没有平静的时候。

白云守端禅师在方会禅师门下参禅，几年来都无法开悟，方会禅师怜念他迟迟找不到入手处。一天，方会禅师借着机会，在禅寺前的广场上和白云守端禅师闲谈。方会禅师问："你还记得你的师傅是怎么开悟的吗？"白云守端回答："我的师傅是因为有一天跌了一跤才开悟的，悟道以后，他说了一首偈语：'我有明珠一颗，久被尘劳封锁，今朝尘尽光生，照破山河万朵。'"

方会禅师听完以后，大笑几声，径直而去。留下白云守端愣在当场，心想："难道我说错了吗？为什么老师嘲笑我呢？"白云守端始终放不下方会禅师的笑声，几日来，饭也无心吃，睡梦中也经常会无端惊醒。他实在忍受不住，就前往请求老师明示。

方会禅师听他诉说了几日来的苦恼，意味深长地说："你看过寺前那些表演猴把戏的小丑吗？小丑使出浑身解数，只是为了博取观众一笑。我那天对你一笑，你不但不喜欢，反而不思茶饭，梦寐难安。像你对外境这么认真的人，连一个表演猴把戏的小丑都不如，如何参透禅呢？"

这个故事正如这样一句古诗："多情自古空遗恨，好梦由来最易醒。"这就是人生。好梦最容易醒，醒来想再接下去，接不下去，所以，不要去叫醒梦中人，让他多做做好梦。那么佛说唤醒梦中人，到底是慈悲，还是狠心？

《西厢记》中也有对人心理情绪描写的词句："花落水流

红，闲愁万种，无语怨东风。"没有可怨的，把东风都要怨一下。闲来无事在愁。闲愁究竟有多少？讲不出来的闲愁有万种。有人一天到晚怨天尤人，实在无事，也要"无语怨东风"。

"天下本无事，庸人自扰之。"在眼前的生活中，只要你不自扰，在面对世事变幻的时候，能够始终保持自己的本心，不自寻烦恼，就能获得一个快乐圆满的人生。

生活是一件艺术品，每个人也都有自认为不尽如人意的一笔，关键在于你怎样看待，烦恼存在于每个人的生活中，认真对待纷扰的人生才是最舒坦的。人最怕的就是怨天尤人，有烦扰才是人生，又何必寻愁觅恨怨东风？

气度要宏，意趣要乐

痛苦与快乐似乎从来都是相伴相生的，二者之间相互矛盾又相互联系。所谓"没有痛苦也就无所谓快乐"，如果我们将痛苦与快乐看成是绝对的对立，从而加以逃避，那么，我们不仅不能得到快乐，反而会使自己更加痛苦，而我们之所以见苦便畏惧，是因为我们没有一个正确的苦乐观。

唐朝江州刺史李渤，问明道禅师："佛经上所说的'须弥藏芥子，芥子纳须弥'未免失之玄奇了，小小的芥子，怎么可能容纳那么大的一座须弥山呢？有悖常识，是在骗人吧？"明道禅师闻言而笑，问道："人家说你'读书破万卷'，可有这回事？""当然！我岂止读书万卷？"李渤一派得意扬扬的样子。"那么你读过的万卷书如今何在？"李渤抬手指着头脑说："都在这里了！"明道禅师道："奇怪，我看你的头颅只有一个椰子那么大，怎么可能装得下万卷书？莫非你也骗人吗？"李渤听后，当下恍然大悟。

只拘泥于一种形式之中，只会让心灵关闭、固执己见、自以为是；开通心窍，才能融会贯通。人修道、治学、做人，不仅需要严谨，同时也需要洒脱自在的怡然，就像老子所说的"涣兮若冰之将释""敦兮其若朴"。春暖花开，冰消雪融，普润大地，一如圣人胸襟气度的潇洒与自得。

南美洲的一座火山爆发后，随之而来的泥石流狂泻而下，迅速流向坐落在山脚下不远处的一个小村庄。农舍、良田、树木，一切都没有躲过被毁的劫难。滚滚而来的泥石流惊醒了一位14岁的小女孩，流进屋内的泥石流已上升到她的颈部，小女孩只露出双臂、颈和头部。及时赶来的营救人员围着她一筹莫展，因为对于遍体鳞伤的她来讲，每一次拉扯无疑是一种更大的肉体伤害。此刻房屋早已倒塌，她的双亲也被泥石流夺去生命，她是村里为数不多的幸存者之一。

当记者把摄像机对准她时，她始终没叫一个"疼"字，而是咬着牙微笑着，不停地向营救人员挥手致谢，俩手臂作出表示胜利的"V"字形。她坚信政府派来的救援队一定能救她。可是营救人员最终也没能从固若金汤的泥石流中救出她。而她始终微笑

着挥着手，直到慢慢被泥石流淹没。

在场的人含泪目睹了这庄严而又悲惨的一幕，心里充满了悲伤。世界极静，只见灵魂独舞。

用微笑面对人生，是一个乐观者的不二选择，而故事中那个女孩乐观而坚强的态度震撼人心。她那个"V"字所蕴含的是对死神最大的嘲弄，是对生命无比的热爱。那个穿透灵魂的微笑，足以震撼世界，让人生所有的苦难都如一缕轻烟。

没有苦中苦，哪有甜中甜呢？而乐又从何而来呢？苦是乐的源头，乐是苦的归结。"不经风霜苦，难得蜡梅香"，成功的快乐，正是经历艰苦奋斗后产生的。吃得苦中苦，方能得成果。古人"头悬梁，锥刺股"，苦则苦矣，但他们下苦功实现上进之志，本身就是一种快乐，以苦为乐，苦中求乐，其乐无穷。人生的悲苦从来都是无法逃避的，我们应该做到能苦能乐的那份坦然、化苦为乐的那份智者的超然，这样便能拥有圆满的人生。

宁静沉淀出心中纷杂的浮躁

宁静是一种心态，是生命盛开的鲜花，是灵魂成熟的果实。宁静在心，在于修身养性，宁静无所不在。只要有一颗宁静之心，追求宁静者便能心胸开阔，不被诱惑，坦荡自然。

皇帝提供了非常优厚的一份奖金，希望有人能画出最平静的画，以便自己在心情烦躁时能拿来缓解情绪。许多画家都来尝试。皇帝看完所有的画，只有两幅他最喜欢。

一幅画是一个平静的湖，湖面如镜，倒映出周围的群山，上面点缀着如絮的白云。大凡看到此画的人都同意这是描绘平静的最佳图画。

另一幅画也有山，但都是崎岖和光秃的山，上面是愤怒的天空，下着大雨，雷电交加。山边翻腾着一道涌起泡沫的瀑布，看来一点都不平静。但当皇帝靠近一看时，他看见瀑布后面有一个小树丛，其中有一鸟巢。在那里，在怒奔的水流中间，小鸟坐在它的巢里——完全的平静。

皇帝选择了后者，奖金给了画这幅画的画家。

平静并不等于完全没有困难和辛劳，而是在那一切的纷乱中间，心中仍然宁静。所谓平静，即在于此。

人们往往在面对成功的欲望时不知所措，内心急躁不堪。具有浮躁心理的人轻浮，做事无恒心，见异思迁，心绪不宁，总想不劳而获，成天无所事事，脾气大，忧虑感强烈；盲目攀比，对于自身期望值过高，但却没有让自己更出色地发挥，做事情不明确目标，对前途迷茫，这些都是产生浮躁心理的原因。浮躁使人失去对自我的准确定位，随波逐流、盲目行动，对此必须及时予以纠正。

消除浮躁需要静心，人常说"淡泊宁静以致远"就是这个道理。静下心来对很多事情进行理性的分析，和别人比较时，相比的是两个人的能力、知识、方法、投入是否一样，而非只看结果，这样心理的失衡就会减少。做事情的时候不要尽跟着感觉走，目标要实际，过程要坚实，稳扎稳打。

在生活中，并不只有功和利。尽管我们必须去奔波赚钱才可以生存，尽管生活中有许多无奈和烦恼，但只要我们拥有淡泊之心，量力而行，坦然自若地去追求属于自己的真实，做到宠亦泰然，辱亦淡然，有也自然，无也自在，如淡月清风一样来去不觉。这样，生活，就会变得很轻松。有了平淡的处世心态，你就能简单快乐地过好当下的每一天。

云飘水流，放下才能宁静

我们工作，是为了得到一份更好的生活。本着这样简单而沉重的理想，有时我们竟然毫无察觉慢慢从指缝间溜走的时光。偶尔静下心来的时候，我们便会思考生命的意义，为什么会是这个样子呢？人的欲望总是太多，而且无止境，唯有放下才能得到你想要的快乐，懂得放下的人心中有一份大智慧。

一只蝗虫对青虫说："我今天很难受？"

青虫问道："是不是生病了？"

"病倒没生，只是早上吃得太多了，现在肚子胀胀的，飞也飞不起来了。你有什么好办法能帮帮我吗？"

青虫想了想，说："要不我陪你走走？"

于是，青虫带着蝗虫在四周走了几圈，但是蝗虫还是感到难受，而且它的肚子也开始疼痛起来。它躺在地上，嗷嗷乱叫。

青虫很同情蝗虫，于是它去请教自己的父亲，青虫的父亲来到蝗虫面前，说道："哎呀，为什么那么贪吃呢，不吃那么多不就没事了吗？"

"爸爸，你快想个办法救救它吧。"青虫在一旁喊道。

"我看只有一个办法了。"说着，它让蝗虫张开嘴巴，它拿着一根草在蝗虫的嘴里搔了搔，不一会儿，蝗虫便吐出一些东西来。吐完后，蝗虫长出了一口气，顿时觉得神清气爽，浑身舒服极了。

青虫的父亲叮嘱道："以后别猛吃东西了，否则肚子就会被

撑破。"

蝗虫因为贪吃而导致身体不适，而在现实生活中，人们因为索求太多，以致烦恼和负担始终挥之不去。不要去抱怨别人比自己快乐，比自己潇洒，比自己活得轻松宁静，看看别人是如何把握、控制自我的。事实上，每一个内心宁静的人，都是懂得放下之人。放下不是单纯的放弃，它是一种抉择——是禁锢自己，还是松绑自己。

实际上放下是为了最终的得到，这种得到是去其糟粕而存其精华。因为外在的"物"太多，而人生的痛苦就在于"身为物役""心为内困"，如此说来，放下才能安享心的宁静。

一个女子提着大包小包，坐了半天的汽车去向一位智者求教，她对智者说："我只是想轻松一下，每天工作那么忙，说实话，我的公司最近效益也不好，想出来静静心，让自己快乐一点。"

智者说道："心魔在己身。一切的根源皆在于你想要的太多，想放的太少。我年轻的时候，看到一个农夫挑着满满的柴火向前走，他走得很辛苦，很艰难，我很替他心疼。那个人虽然已经有了柴火，但是在回家的路上，看到地上的树枝还是往身上放，两只眼睛不往前看，只盯着自己的脚下，正因如此，那农夫撞到了很多路人，路人对他很是不满，而他自己一路走来，柴火越来越重，脸上的表情也越来越复杂，一般人能有那么多的柴火一定很高兴，可他却愁眉苦脸。后来，在快到家的时候，他再也走不动了，倒在家门口，而挑的柴火也撒了一地。如果他能放下多余的柴火，那他走得肯定不会那么累，心情肯定也会很高兴和很舒畅。世人之所以感到内心浮躁，得不到安宁与快乐，其实是与那个打柴的农夫一样，只知道一味地拿，而不懂得放下。"

智者的一席话让人有茅塞顿开，耳目一新之感。的确，如果人心事太多，心情太重，每天起早贪黑，追逐着那些鲜艳夺目的美丽，就像那个打柴的农夫一样，即使走路，也是两眼只注视脚下，希望能获得更多的柴火，结果负担越来越重，到头来，身体和精神被全部压垮，哪里能获得身心的安宁与快乐？

正因为生命有限，才要"超然物外"，云飘水流，心外无物。只有这样，才能如同宁静的河流一般，在水波荡漾之间，领略黄昏时分的绚烂景色，而这也正是所谓"放下"的真正含义。实际上，心外的"物"始终是存在的，就像打水漂一样，虽然石子最后没入水中，激起的涟漪归于平静，但其终究荡起过波纹，会在人们的心中留下深刻印象。

由此看来，"心外无物"着重的不是"物"本身，而在于"心"。这个"心"是要受到石头激起的涟漪支配还是放下一切而自享宁静，都在于我们自己。这样，它才能释放出更多的空间来装载我们想要的自由和纯真，得到当下真正的快乐。

艳羡别人，不如珍惜自己的田园

生活中有些人羡慕那些明星、名人日日淹没在鲜花和掌声中，名利双收，以为世间苦痛都与他们无缘。这是羡慕别人的盲区，也是一些人老是羡慕别人光鲜处的原因。事实上，走进明星、名人真正的生活，他们同样有着不为人知的心酸。

俗话说，人生失意无南北，宫殿里也会有悲恸，茅屋里同样也会有笑声。只是，平时生活中无论是别人展示的，还是我们关注的，总是风光的一面，得意的一面，这就像女人的脸，出门的时候个个都描眉画眼、涂脂抹粉、光艳亮丽，这全是给别人看的。回家以后，一个个都素脸朝天。于是，站在城里，向往城外，而一旦走出了围城，就会发现生活其实都是一样的，有许多我们一直在意的东西，在别人看来也许根本就不算什么。所以，我们根本就没必要将自己的眼光一直投放到别人的生活上，多关注一下自己，欣赏一下自己的人生才能让你真实体会到生活的快意。

故事一：

54　淡定的人生不寂寞

在一条河的两岸，一边住着凡夫俗子，一边住着僧人。凡夫俗子们看到僧人们每天无忧无虑，只是诵经撞钟，十分羡慕他们；僧人们看到凡夫俗子每天日出而作，日落而息，也十分向往那样的生活。日子久了，他们都各自在心中渴望着：到对岸去。

一天，凡夫俗子们和僧人们达成了协议。于是，凡夫俗子们过起了僧人的生活，僧人们过上了凡夫俗子的日子。

几个月过去了，成了僧人的凡夫俗子们就发现，原来僧人的日子并不好过，悠闲自在的日子只会让他们感到无所适从，便又怀念起以前当凡夫俗子的生活来。

成了凡夫俗子的僧人们也体会到，他们根本无法忍受世间的种种烦恼、辛劳、困惑，于是也想起做和尚的种种好处。

又过了一段日子，他们各自心中又开始渴望着：到对岸去。

可见，在你眼中他人的快乐，并非真实生活的全部。每个生命都有欠缺，不必与人作无谓的比较，珍惜自己所拥有的一切就好。

故事二：

一青年总是埋怨自己时运不济，生活不幸福，终日愁眉不展。

这一天，走过一个须发俱白的老人，问："年轻人，干吗不高兴？"

"我不明白我为什么老是这么穷。""穷？我看你很富有啊！"老人由衷地说。"这从何说起？"年轻人问。老人没有正面回答，反问道："假如今天我折断了你的一根手指，给你1000元，你干不干？""不干！"年轻人回答。"假如斩断你的一只手，给你一万元，你干不干？""不干！""假如让你马上变成80岁的老翁，给你100万，你干不干？""不干！""这就对了，你身上的钱已经超过了100万呀！"老人说完，笑吟吟地走了。

由此看来，那些总是认为自己太差的人，他们心灵的空间挤满了太多的负累，从而无法欣赏自己真正拥有的东西。

永远不要眼红那些看上去幸福的人，你不知道他们背后的艰辛。这个社会上，达官显贵的外表令人羡慕，但深究其里，每个人都有一本很难念的经，甚至苦不堪言。

所以，不要再去羡慕别人，好好珍惜上天给你的恩典，你会发现你所拥有的绝对比没有的要多出许多，而缺失的那一部分，虽不可爱，却也是你生命的一部分，接受它且善待它，你的人生会快乐豁达许多。爱你的生命，它会焕发出更明亮的光。

不抱怨的人才能在寂寞中爆发

人生路上，当遇到逆境的时候，我们往往会听到很多抱怨的声音：我上学的学校不好、我的女人丑、我的工作条件不好、工资少、没有一个能赏识我的老板……总觉得自己的生活不如意，天天抱怨。而我们也常常会发现，那些抱怨的人生活似乎一直都不怎么好，有时候抱怨会产生连锁反应，越抱怨，倒霉的事情越是接二连三。所以，我们千万不要陷入自己设置的"抱怨门"。

有这样一个故事：

孔雀向王后朱诺抱怨。它说："王后陛下，我不是无理取闹来诉说，您赐给我的歌喉，没有任何人喜欢听。可您看那黄莺小精灵，唱出的歌声婉转，它独占春光，风头出尽。"

朱诺听到如此言语，严厉地批评道："你赶紧住嘴，嫉妒的鸟儿，你看你脖子四周，如一条七彩丝带。当你行走时，舒展的华丽羽毛，出现在人们面前，就好像色彩斑斓的珠宝。你是如此美丽，你难道好意思去嫉妒黄莺的歌声吗？和你相比，这世界上没有任何一种鸟能像你这样受到别人的喜爱。一种动物不可能具备世界上所有动物的优点。我赐给大家不同的天赋，大家彼此相融，各司其职。所以我奉劝你不要抱怨，不然的话，作为惩罚，你将失去你美丽的羽毛。"

生活的不公正能培养美好的品德，我们应该做的就是让自己的美德在不利的环境中放射出奇异的光彩。

孔雀羡慕黄莺清脆的嗓子，所以抱怨自己为什么没有拥有和黄莺一样婉转、美妙的歌喉，却不知道自己的美本来就让其他动物羡慕。由此看来，实际上抱怨不是本身拥有的条件不够好，而是自己不知足。很多时候当你不断地抱怨自己拥有的条件和资源少不能取得成功的时候，后来的不成功就会排着长队等着你，接连不断地到来。

当你把大量的精力都用在了抱怨别人或者上天的不公的时候，用于努力改变局面的时间就少了，大量的抱怨会让你在自己的抱怨声中不断地肯定自己的不幸，在无形之中会在大脑里形成自己成功的道路为什么这样艰难的想法，以及上天对自己不公的想法，所以在下一次困难来临时，又开始抱怨，而如何去战胜困难，如何能够摆脱这种局面的方法早已经被自己抛之脑后。所以爱抱怨的人更容易失败，而且失败是一个接着一个。

喜欢抱怨的人向别人不断抱怨着自己的不幸，起初可能还会有人同情，但是久而久之抱怨的人会让别人生厌。人们喜欢和那些整天乐观的人在一起，而不是和整天发牢骚的人在一起，因为你的牢骚会直接影响别人的心情。这样，喜欢抱怨的人不仅自己在事业上不断落后，在人际关系上也会越来越糟，会导致你更加沮丧，会觉得上天真的对你太不公了，了解你的人为什么这么少呢？实际上这一切都是你无形中造成的。

生活中，当我们个人或者企业遇到困难的时候，首先不要怨天尤人，而是努力寻找突破困难的方法。寻求解决的办法，才能让企业走出困境，让每一个人走出困难的沼泽，向成功迈进。

第三章

成功不仅需要苦寻，
更需要守候

怎样的人生才算成功

成功是个如此激动人心的字眼，我们每个人都在渴望着成功，对一个人最终最好的评价莫过于说他的一生是成功的一生。那么究竟怎样的人生才算成功呢？相信很多人都曾有过这样的疑问，但答案却没有固定的标准。

说到底，成功的人生是一种内心的感觉，一种让我们感觉踏实、安宁、舒适的体验。它不取决于名誉，不取决于地位，更不取决于金钱，它像阳光一样公平地照在每一个人的身上，只要有心，就能感觉得到。我们把这种美好的感觉叫作幸福。

在繁华的城市中，每天都会有许多人，在忙碌中寻找着自己的方向。一位哲人说，由古至今，人类文明的延伸，唯一的动力和目的即是追求幸福。关于幸福，每个人有着不一样的体验。尽管每个人的人生际遇不同，但命运对每个人都是公平的。外面的世界有泥泞也有星空，就看你能否用自己的心，透过岁月的风尘寻觅到辉煌灿烂的星空。

当今社会，科技迅猛发展迫使人们的工作、生活节奏越来越快，压力也越来越大。在紧张的劳碌中，人们的心灵变得疲惫

　　和脆弱不堪。于是人们在享受日新月异的物质文明的同时，也面临着时尚、奢华的魅惑，在不断的攀比、盲从中，容易迷失了本性，丧失了自我。若心灵被重重烟尘所覆盖，再难寻见往昔的纯净与安宁，人们就会开始忘记生活的本意，也忘记了享受该有的幸福。

　　其实，尽管每个人的幸福不同，但幸福并不是世间的稀缺品，它如同阳光普照大地，惠及万物生灵。它又似一杯透明的水，虽淡然无味，口渴之人却能品咂出其中的甘甜。许多时候，只需换一种心情，换一个角度，本来索然无味的事也许会变得精彩无比。

　　海伦·凯勒又盲又聋，但是怀揣梦想，积极地走向通往成功的路。

贝多芬生活坎坷，但他扼住了命运的咽喉，矢志不渝地成就着自己的梦想。

有些人，他们没有留下名字，他们没有惊心动魄的故事，但是他们同样怀着追逐幸福的梦，走在追逐幸福的路上，他们的人生同样是成功的人生。

无数人的幸福，归结为生活，无数人对幸福的追求，归结为人生。关于人生的解读，唯有幸福堪称是最佳的标注。

坚守寂寞，坚持梦想

当你面对人类的一切伟大成就的时候，你是否想到过，曾经为了创造这一切而经历过无数寂寞的日夜，他们不得不选择与寂寞结伴而行，有了此时的寂寞，才能获得自己苦苦追求的似锦前程。

很多时候成功不是一蹴而就的，要经过很多磨难，每个人无论如何都不能丢弃自己的梦想。执着于自己的目标和理想，把自己开拓的事业做下去。

肯德基创办人桑德斯先生在山区的矿工家庭中长大，家里很穷，他也没受什么教育。他在换了很多工作之后，自己开始经营一个小餐馆。不幸的是，由于公路改道，他的餐馆必须关门，关门则意味着他将失业，而此时他已经65岁了。

也许他只能在痛苦和悲伤中度过余年了，可是他拒绝接受这种命运。他要为自己的生命负责，相信自己仍能有所成就。可是他是个一无所有、只能靠政府救济的老人，他没有学历和文凭，没有资金，没有什么朋友可以帮他，他应该怎么做呢？他想起了小时候母亲炸鸡的特别方法，他觉得这种方法一定可以推广。

经过不断尝试和改进之后，他开始四处推销这种炸鸡的经销权。在遭到无数次拒绝之后，他终于在盐湖城卖出了第一个经销权，结果立刻大受欢迎，他成功了。

65岁时还遭受失败而破产，不得不靠救济金生活，在80岁时却成为世界闻名的杰出人物。桑德斯没有因为年龄太大而放弃自己的成功梦想，经过数年拼搏，终于获得了巨大的成功。如今，肯德基的快餐店在世界各地都是一道风景。

很多时候，在日常生活、工作中我们必须在寂寞中度过，没有任何选择。这就是现实，有嘈杂就有安静，有欢声笑语，就有寂静悄然。

既然如此，你逃脱不掉寂寞的影子，驱赶不走寂寞的阴魂，为什么非要与寂寞抗争？寂寞有什么不好，寂寞让你有时间梳理躁动的心情，寂寞让你有机会审视所作所为，寂寞让你站在情感的外圈探究感情世界的课题，寂寞让你向成功的彼岸挪动脚步，所以，寂寞不光是可怕的孤独。

寂寞是一种力量，而且无比强大。事业成就者的秘密有许多，生活悠闲者的诀窍也有许多。但是，他们有一个共同的特点，那就是耐得住寂寞。谁耐得住寂寞，谁就有宁静的心情，谁

有宁静的心情，谁就水到渠成，谁水到渠成，谁就会有收获。山川草木无不含情，沧海桑田无不蕴理，天地万物无不藏美，那是它们在寂寞之后带给人们的享受。所以，耐住寂寞之士，何愁做不成想做的事情。有许多人过高地估计自己的毅力，其实他们没有跟寂寞认真地较量过。

我们常说，做什么事情需要坚持，只要奋力坚持下来，就会成功。这里的坚持是什么？就是寂寞。每天循规蹈矩地做一件事情，心便生厌，这也是耐不住寂寞的一种表现。

如果有一天，当寂寞紧紧地拴住你，哪怕一年半载，为了自己的追求不得不与寂寞搭肩并进的时候，心中没有那份失落，没有那份孤寂，没有那份被抛弃的感觉，才能证明你的毅力坚强。

人生不可能总是前呼后拥，人生在世难免要面对寂寞。寂寞是一条波澜不惊的小溪，它甚至掀不起一个浪花，然而它却孕育着可能成为飞瀑的希望，渗透着奔向大海的理想。坚守寂寞，坚持梦想，那朵盛开的花朵就是你盼望已久的成功。

人生的挫折不能省略

生命是一次次的蜕变过程。唯有经历各种各样的折磨，才能拓展生命的宽度。通过一次又一次与各种折磨握手，历经反反复复的较量，人生的阅历就在这个过程中日积月累、不断丰富。

在人生的岔道口面前，若你选择了一条平坦的大道，你可能会拥有一个舒适而享乐的青春，但你可能失去一个很好的历练机会；若你选择了坎坷的小路，你的青春也许会充满痛苦，但人生的真谛也许就此被你打开。

蝴蝶的幼虫是在一个洞口极其狭小的茧中度过的。当它的生命要发生质的飞跃时，这个天定的狭小的通道对它来讲无疑成了"鬼门关"，那娇嫩的身躯必须竭尽全力才可以破茧而出。许多幼虫在往外冲杀的时候力竭身亡，不幸成了飞翔的悲壮祭品。

有人怀了悲悯恻隐之心，企图将那幼虫的生命通道修得宽阔一些。他们用剪刀把茧的洞口剪大，这样一来，所有受到帮助而见到天日的蝴蝶都不是真正的精灵——它们无论如何也飞不起来，只能拖着丧失了飞翔功能的双翅在地上笨拙地爬行！原来，

那"鬼门关"般的狭小茧洞恰恰是帮助蝴蝶幼虫两翼成长的关键所在。穿越的时候，通过用力挤压，血液才能被顺利输送到蝶翼的组织中去；唯有两翼充血，蝴蝶才能振翅飞翔。人为地将茧洞剪大，蝴蝶的双翅就没有了充血的机会，爬出来的蝴蝶便永远与飞翔绝缘。

人成长的过程恰似蝴蝶的破茧过程，在痛苦的挣扎中，意志得到磨炼，力量得到加强，心智得到提高，生命在痛苦中得到升华。当你从痛苦中走出来时，就会发现，你已经拥有了飞翔的力量。如果你没有经受挫折，也许你就会像那些受到"帮助"的蝴蝶一样，萎缩了双翼，平庸一生。

有个渔夫有着一流的捕鱼技术，被人们尊称为"渔王"。依靠捕鱼所得的钱，"渔王"积累了一大笔财富。然而，年老的"渔王"却一点儿也不快活，因为他三个儿子的捕鱼技术都极其一般。

于是他经常向人倾诉心中的苦恼："我真想不明白，我捕鱼的技术这么好，我的儿子们为什么这么差？我从他们懂事起就传授捕鱼技术给他们，从最基本的东西教起，告诉他们怎样织网最容易捕捉到鱼，怎样划船最不会惊动鱼，怎样下网最容易'请鱼入瓮'。他们长大了，我又教他们怎样识潮汐、辨鱼汛……凡是我多年辛辛苦苦总结出来的经验，我都毫无保留地传授给他们，可是他们的捕鱼技术竟然赶不上技术比我差的其他渔民的儿子！"

一位路人听了他的诉说后，问："你一直手把手地教他们吗？"

"是的，为了让他们学会一流的捕鱼技术，我教得很仔细、很有耐心。"

"他们一直跟随着你吗？"

"是的，为了让他们少走弯路，我一直让他们跟着我学。"

路人说："这样说来，你的错误就很明显了。你只是传授给了他们技术，却没有传授给他们教训，对于才能来说，没有教训与没有经验一样，都不能使人成大器。"

人们往往把外界的折磨看作人生中纯粹消极的、应该完全否定的东西。当然，外界的折磨不同于主动冒险，冒险有一种挑战的快感，而我们忍受折磨总是迫不得已的。但是，人生中的折磨总是完全消极的吗？清代金兰生在《格言联璧》中写道："经一番挫折，长一番见识；容一番横逆，增一番器度。"由此可见，那些挫折和横逆的折磨对人生不但不是消极的，还是一种促进你成长的积极因素。如果一路都是坦途，那只能像渔夫的儿子那样，沦为平庸之人。

你还在遭受工作的折磨吗？

你还在遭受老板和上司的折磨吗？

你还在遭受失恋的折磨吗？

你还在遭受家人和师长的折磨吗？

你还在遭受病痛的折磨吗？

……

如果你现在还在遭受这样那样的折磨，你就该庆幸，因为命运给了你战胜自我、升华自我的机会。换一种眼光来看待这些折磨吧，感谢那些在工作和生活上折磨你的人，你就会获得幸福。唯有以这种态度面对人生，才能获得真正的成功。

正视内心的力量

只要有信心，你就能移动一座山。只要坚信自己会成功，你就能成功。

宋朝，有一段时期战争频频，国患不断，大将军狄青带领人马杀赴疆场，不料自己的军队势单力薄，寡不敌众，被困在小山顶上，眼看将被敌军吞没。就在士气大减，甚至将要缴械投降之际，大将军狄青站在大家面前说："士兵们，看样子我们的

实力是不如人家了，可我却一直都相信天意，老天让我们赢，我们就一定能赢。我这里有九枚铜钱，向苍天企求保佑我们冲出重围。我把这九枚铜钱撒在地上，如果都是正面，一定是老天保佑我们；如果不全是正面的话，那肯定是老天告诉我们不会冲出去的，我就投降。"

此时，士兵们闭上了眼睛，跪在地上，烧香拜天祈求苍天保佑，这时狄青摇晃着铜钱，一把撒向空中，落在了地上，开始士兵们不敢看，谁会相信九枚铜钱都是正面呢！可突然一声尖叫："快看，都是正面。"大家都睁开了眼睛往地上一看，果真都是正面。士兵们跳了起来，把狄青高高举起喊道："我们一定会赢，老天会保佑我们的！"

狄青拾起铜钱说："那好，既然有苍天的保佑，我们还等什么，我们一定会冲出去的！各位，鼓起勇气，我们冲啊！"

就这样，一小队人马竟然奇迹般战胜了强大的敌人，突出重围，保住了有生力量。过些时候，将士们谈起了铜钱的事情，还说："如果那天没有上天保佑我们，我们就没有办法出来了！"

这时候狄青从口袋掏出了那九枚铜钱，大家竟惊奇地发现，这些铜钱的两面都是正面的！

虽然只是几枚小小的铜钱，却让这小队人马的命运为此而改变。细细体味故事时，我们能够领悟到，战斗胜利的根源其实是在于：信心。

信心比金钱、势力、出身、亲友更有力量，是人们从事任何事业的最可靠的资本。信心能排除各种障碍、克服种种困难，能使事业获得完满的成功。有的人最初对自己有一个恰当的估计，信心能够处处胜利，但是一经挫折，他们却又半途而废，这是因为他们自信心不坚定的缘故。所以，树立了自信心，还要使自信心变得坚定，这样即使遇到挫折，也能不屈不挠、向前进取，决不会因为一时的困难而放弃。

那些成就伟大事业的卓越人物在开始做事之前，总是会具有充分信任自己能力的坚定的自信心，深信所从事之事业必能成功。这样，在做事时他们就能付出全部的精力，破除一切艰难险阻，直达成功的彼岸。

不要灰心，除非你达到目的

探险家大卫·利文斯顿曾经说过："不管我的前方面临的是什么，我都不会灰心，除非我达到了自己的目的。"因为这种精神，他在一次又一次的探险中发掘出了别人不曾看到的价值，并给后人留下了非常宝贵的精神财富。

不管做任何的事情，都可能会遇到困难，尤其是我们确定了生活的目标，朝着一个方向迈进的时候，困难总是会阻隔我们前行的脚步。这时候，如果我们没有坚定的信念和锲而不舍的精神，那么我们将一事无成。

在美国，有一位穷困潦倒的年轻人，即使在身上全部的钱加起来都不够买一件像样的西服的时候，仍全心全意地坚持着自己心中的梦想，他想做演员、拍电影、当名人。

当时，好莱坞共有500家电影公司，他逐一数过，并且不止一遍。后来，他又根据自己认真划定的路线与排列好的名单顺序，带着自己写好的为自己量身定做的剧本前去拜访。但第一遍下来，500家电影公司没有一家愿意聘用他。

面对百分之百的拒绝，这位年轻人没有灰心，从最后一家被拒绝的电影公司出来之后，他又从第一家开始，继续他的第二轮拜访与自我推荐。

在第二轮的拜访中，500家电影公司依然拒绝了他。

第三轮的拜访结果仍与第二轮相同。这位年轻人咬咬牙开始他的第四轮拜访，当拜访完第349家后，第350家电影公司的老板破天荒地答应愿意让他留下剧本先看一看。

几天后，年轻人获得通知，请他前去详细商谈。

就在这次商谈中，这家公司决定投资开拍这部电影，并请这位年轻人担任自己所写剧本中的男主角。

这部电影名叫《洛奇》。

这位年轻人的名字就叫席维斯·史泰龙。现在翻开电影史，这部叫《洛奇》的电影与这个日后红遍全世界的巨星皆榜上有名。

在史泰龙的身上，我们看到了一种百折不挠的精神和勇气，也正是因为这种坚持，他才取得了最后的胜利。可是在生活中，我们很多人都不曾有他这种对于梦想的执着和坚持到底的信念。当我们开始确立梦想的时候，可能会面对很多的困难。这些困难让我们感到沮丧，于是我们在浅浅的尝试了之后，就放弃了自己的梦想。

成功是需要持之以恒地去追求的，即使是名人也不例外。大歌唱家鲁宾斯坦曾说过："若是我一天不练嗓子，我自己会觉得诧异；若是我两天不练嗓子，我的朋友会觉得诧异；若是我三天不练嗓子，所有人都会觉得诧异。"同理：如果经历了一次放弃，我们就离成功远了一步，两次三次之后，我们就再也不会追上成功的脚步了。所以，在困境面前，不要灰心，更不要沮丧，而应该一直坚持，直到你达成了自己的目的。

风雨中的玫瑰依然芬芳

远离痛苦和寻找快乐，这几乎是所有人毕生的追求，就连蝼蚁也不例外。但是，苦是人生的本质，人们置身苦海就必然会沾染上苦的味道。其实，圆满的人生并不意味着一个人一辈子没有吃过苦、没有失过恋，而是要做到经历过、体验过、面对过那苦的滋味，最终能够超越苦的感觉。

苦为乐、乐为苦，苦与乐的感受全在于一心。活在世间的人们，总是感慨苦多于乐，要离苦才能得乐。因此，佛学是离苦得乐的哲学。只有深刻体验苦，才能透彻体会乐！

有这样一个关于"苦"的古老的故事：

有一群弟子要出去朝圣。师父拿出一个苦瓜，对弟子们说：

第三章 成功不仅需要苦寻，更需要守候

"随身带着这个苦瓜，记得把它浸泡在每一条你们经过的圣河，并且把它带进你们所朝拜的圣殿，放在圣桌上供养，朝拜它。"

弟子们走过许多圣河圣殿，并依照师父的教诲去做。回来以后，他们把苦瓜交给师父，师父叫他们把苦瓜煮熟，当作晚餐。晚餐的时候，师父吃了一口，然后语重心长地说："奇怪呀！泡过这么多圣水，进过这么多圣殿，这苦瓜竟然没有变甜。"

苦瓜的本质是苦的，不会因圣水圣殿而改变；人生是苦的，修行是苦的，由情爱产生的生命本质也是苦的，这一点即使是圣人也不可能改变，更何况凡夫俗子？

想要离苦得乐最重要的方法就是"以苦为乐"，既然我们做的所有事情的目的都是寻找永恒的快乐，而痛苦几乎都是因为以自我的欲望和贪念为中心才产生的，那么我们何不把内心的杂念消灭掉，没有杂念就没有欲望，没有欲望就不会失望，也就能得到平静的快乐。

苦与乐并非是相互对立的，而是和谐统一的，相辅相成、相互转化的。正如哈密瓜比蜜还要甜，人们吃在嘴里乐在心上；苦巴豆比难吃的中药还要苦。种瓜的老人却告诉我们：哈密瓜在下秧前，先要在地底下埋上半两苦巴豆，瓜秧才能茁壮成长，结出蜜一样的果实来。

对于人生来说，悲苦从来都是无法逃避的。多苦少乐是人生的必然。因此，我们要懂得幽默的智慧，享受苦中作乐的坦然，以及化苦为乐的超然，才能获取人生的大乐趣。

坚持不懈，才能取得最大的奖赏

比尔·撒丁是挪威小有名气的音乐家，他的代表作是《挺起你的胸膛》。多年前，比尔·撒丁一人来到法国，准备报考著名的巴黎音乐学院。考试的时候，他竭力将自己的水平发挥到最佳状态，但主考官还是没能看中他。身无分文的比尔·撒丁来到学院外不远处一条繁华的街上，勒紧裤带在一棵榕树下拉起了手中的琴。他拉了一曲又一曲，吸引了无数人的驻足聆听，围观的人们纷纷掏钱放入琴盒。一个无赖鄙夷地将钱扔在他的脚下。他看了看无赖，最终弯下腰拾起地上的钱递给无赖说："先生，你的钱丢在了地上。"无赖接过钱，重新扔在他的脚下，再次傲慢地说："这钱已经是你的了，你应该收下！"比尔·撒丁再次看了看无赖，深深地对他鞠了个躬说："先生，谢谢你的资助！刚才你掉了钱，我弯腰为你捡起。现在我的钱掉在了地上，麻烦你也为我捡起！"无赖被他出乎意料的举动震撼了，最终捡起地上的钱放入他的琴盒，然后灰溜溜地走了。围观的人群中有一双眼睛一直默默关注着比尔·撒丁，他就是那位主考官。最终，他将比尔·撒丁带回学院，录取了他。

西方有位哲人指出："人生长期考验我们的毅力，唯有那些能够坚持不懈的人，才能得到最大的奖赏。毅力到此地步可以移山，也可以填海，更可以让人从芸芸众生中脱颖而出。"当我们陷入生活低谷的时候，往往会招致许多无端的蔑视。这时，只要我们理智地应对，以一种平和的心态去维护我们的尊严，你就会发现，任何邪恶在正义面前都无法站稳脚跟。而有尊严的人终会走出人生的低谷。

1917年10月的一天，在美国堪萨斯州洛拉镇，一家小农舍的炉灶突然发生爆炸。当时，屋里有一个8岁的小男孩，很不幸的是，他没有逃过这次劫难，孩子的身体被严重灼伤。虽然父母迅速将孩子送进医院，伤势得到了及时的控制，但医生最终仍然表示无能为力，他无奈地告诉孩子的父母："孩子的双腿伤势太严重，恐怕以后再也无法走路了。"医生的话犹如晴天霹雳，父母伤心欲绝，他们不敢面对这个事实，也不敢将这个坏消息告诉儿子，但是，能隐瞒多久呢？随着双腿越来越没有知觉，小男孩终于知道了自己将要面对的悲惨现实。

生活就是这么残酷！在成长的某个阶段，也许命运会对我们不公，会让我们陷入许多难以预料的困境，但同样是困难，人们所收获的结果有时却大相径庭。面对如此的不幸，男孩没有哭，也没有就此消沉，他暗暗下定决心：一定要再站起来。男孩在病床上躺了好几个月，终于可以下床了。他拒绝坐轮椅，坚持要自己走。但是，他连站起来的力气都没有，怎么可能走路呢？男孩试了一次又一次，都没有成功。看着男孩倔犟的样子，医生劝他："还是坐在轮椅上吧！以你现在的身体状况，是绝对不可能站起来的。"听到这话，母亲忍不住大声痛哭起来。男孩颓然地倒在床上，他一动不动地盯着天花板，没有任何表情，谁也不知道他在想什么。

在以后的日子里，父母看见儿子终日试图伸直双腿，不管在床上，还是在轮椅上，累了就歇一会儿，然后接着练。就这样足足坚持了两年多，男孩终于可以伸直右腿了。这下，家人对他都有了信心，只要有机会，大家都会帮着男孩练习。一段时间后，男孩竟然可以下地了，但他只能一瘸一拐地走路，很难保持平衡，走几步就会摔倒。又过了几个月，男孩能正常走路了，虽然拉伸肌肉让他疼得说不出话来，但这是生命的奇迹，也是信心的奇迹，更是钢铁般意志所创造的奇迹。精神的力量到底有多大，谁也说不清楚，但有一点可以肯定，那就是：精诚所至，金石为开。这时，男孩想起医生说过自己再也不可能走路的话，但现在，自己做到了，他不由得脸上露出笑容。这个胜利促使他做出一个更大胆而伟大的决定：从明天开始，每天跟着农场上的小朋友跑步，直到追上他们为止。

经过不懈锻炼，男孩腿上松弛的肌肉终于再次变得健康起来，多年之后，他的腿和从前一样强壮，仿佛从来没有发生过那次意外。男孩进入大学后，参加了学校的田径赛，他的项目是一英里赛跑，因为他立志成为一名长跑选手。从此以后，男孩的一生都和长跑运动紧密相连。这个被医生判定永远不能再走路的男孩，就是美国最伟大的长跑选手之一——格连·康宁罕。

人的一生，都会遇到生命的低谷，这是人生用来考验我们的一份最高含金量的试卷，只有经历过磨砺的人生，才会光芒四射！因为，命运在赐予我们各种打击的同时，往往也把开启成功之门的钥匙，放到了我们的手中。厄运是不幸的，但是如果我们选择逃避，那么它就会像疯狗一样一直追逐着我们；如果我们直起身子，挥舞着拳头向它大声吆喝，它就只有夹着尾巴灰溜溜地逃走。只要你拥有对生命的热爱，苦难就永远奈何不了你。

磨难让我们变得更加坚韧

在每个人的生命中，每一年都会发生各种各样的事情，或大喜或大悲，无论如何，这些事情就像我们生命中的坐标一样，它们或深或浅或明媚或暗淡的色调，构成了我们的人生画卷。

在人生的岁月里，起伏不定常常带给人们不安全感。所以，人们常常抱怨磨难，抱怨那些让我们的生活变得艰苦的事情，抱怨那些让我们的内心承受煎熬的经历。

可是，人们在抱怨的时候并没有想到，这些磨难就像烈火，我们只有在经过锤炼之后，才会变得更加坚韧、更加刚强。

德国有一位名叫班纳德的人，在风风雨雨的50年间，他遭受了200多次磨难的洗礼，成为世界上最倒霉的人，但这些也使他成为世界上最坚强的人。他出生后14个月，摔伤了后背；之后又从楼梯上掉下来，摔残了一只脚；再后来爬树时又摔伤了四肢；一次骑车时，忽然不知从何处刮来一阵大风，把他吹了个人仰车翻，膝盖又受了重伤；13岁时掉进了下水道，差点窒息；一次，一辆汽车失控，把他的头撞了一个大洞，血如泉涌；又有一辆垃圾车，倒垃圾时将他埋在了下面；还有一次他在理发屋中坐着，突然一辆飞驰的汽车驶了进来……他一生遭遇无数灾祸，在最为晦气的一年中，竟遇到了17次意外。

令人惊奇的是，老人至今仍旧健康地活着，心中充满着自信。他历经了200多次磨难的洗礼，还怕什么呢？

人生不可能一帆风顺。对生命来说，困境有时并非是意外，而是常态，对人生，这是锻炼；对生命，这是磨炼，经常接受磨炼的人才能创造出崭新的天地，这就是所谓的"置之死地而后生"。

"自古雄才多磨难，从来纨绔少伟男。"人们最出色的成绩往往是在挫折中做出的，我们要有一个辩证的挫折观，经常保持充足的信心和乐观的态度。挫折和磨难使我们变得聪明和成熟，正是不断从失败中汲取经验，我们才能获得最终的成功。我们要悦纳自己和他人，要能容忍不利的因素，学会自我宽慰，情绪乐观、满怀信心地去争取成功。

如果能在磨难中坚持下去，磨难实在是人生不可多得的一笔财富。有人说，不要做在树林中安睡的鸟，要做在雷鸣般的瀑布边也能安睡的鸟，就是这个道理。生命的磨难并不可怕，只要我们学会去适应，那么磨难带来的逆境，反而会让我们拥有进取的精神和百折不挠的毅力。

我们在埋怨自己生命坎坷，人生多磨难时，不妨想想这位老人的人生经历，或许还有更多多灾多难的人们，与他们相比，我们的困难和挫折算什么呢？只要我们内心足够自信与强大，生命就能屹立不倒。

脚踏实地是最好的选择

当我们不具备成功的天赋时，只有脚踏实地，才能让自己站稳脚跟。正如山崖上的松柏，经过无数暴风雪的洗礼，只有坚定地盘固于土地，它们才长成坚实的树干。

一个人若不敢向命运挑战，不敢在生活中开创自己的蓝天，命运给予他的也许仅是一个枯井的地盘，举目所见将只是蛛网和尘埃，两耳所闻的也只是唧唧虫鸣。

所以，成功需要付出，希望需要汗水来实现，人生需要勤奋

来铸就。

在美国，有无数感人肺腑、催人奋进的故事。主人公胸怀大志，尽管他们出身卑微，但他们以顽强的意志、勤奋的精神努力奋斗，锲而不舍，最终获得了成功。林肯就是其中的一位。

幼年时代，林肯住在一所极其简陋的茅草屋里，没有窗户，也没有地板，用当代人的居住标准来看，他简直就是生活在荒郊野外。但是他并没放弃希望，为了希望他流再多的汗水也不会后悔。当时他的住所离学校非常远，一些生活必需品都相当缺乏，更谈不上可供阅读的报纸和书籍了。然而，就是在这种情况下，他每天还持之以恒地走二三十里路去上学。晚上，他只能靠着木柴燃烧发出的微弱火光来阅读⋯⋯

众所周知，林肯只受过一年的学校教育，成长于艰苦的环境中，但他努力奋斗、自强不息，最终成为美国历史上最伟大的总统之一。

任何人都要经过不懈努力才可能有所收获。世界上没有机缘巧合这样的事存在，唯有脚踏实地、努力奋斗才能收获美丽的奇迹。

亨利·福特从一所普通的大学毕业之后，便开始四处奔波求职，但均以失败告终。福特没有丧失对生活的希望，他依旧信心十足，自强不息，永不气馁。

为了找一份好工作，他四处奔走。为了拥有一间安静、宽敞的实验室，他和妻子经常搬家。短短的几年时间里，夫妻俩到底搬过几次家连他们自己也说不清了，但他们依旧乐此不疲。因为每一次搬迁，夫妇俩都有新的收获。贫困和挫折不仅磨炼了福特坚韧的性格，也锻炼了他的耐力和恒心，更使他有机会熟悉社会、了解人生，为未来新的冲刺做好了思想和技术的准备。

尽管贫困和挫折给他增添了不少的麻烦，但为了理想福特依然勤奋努力着，依然奋力拼搏着。功夫不负有心人，福特自强不息的精神和奋不顾身的打拼终于得到了回报。他应聘到爱迪生照明公司主发电站负责修理蒸汽引擎，终于实现了自己的心愿。不久，他又因为工作出色，被提升为主管工程师。

坚定自强不息的信念，让它深深地根植于你的心中，它就会激发你各方面的潜能，使你勇敢面对工作中的一切困难和障碍。

努力把自己的事做得更好，就是一种创造！厨师把菜做得美味可口，裁缝把衣服做得更美观耐穿，建筑师盖出更舒适的房屋，司机开车更安全，作家努力写出更好的文章，都会为自己带来幸运，同时也为他人带来幸福。

无论是在生活中还是在工作中，都需要我们脚踏实地，时时衡量自己的实力，不断调整自己的方向，一步一步达到自己的目标。

冷遇也是一种幸运

想实现自己的梦想，就要有胆识有胆量，要勇敢地面对挑战，做一个生活的攀登者，只有这样才能攀上人生的顶峰，欣赏到无限的风景。有时候，白眼、冷遇、嘲讽会让弱者低头走开，但对强者而言，这也是另一种幸运和动力。

她从小就"与众不同"，因为得了小儿麻痹症，不要说像其他孩子那样欢快地跳跃奔跑，就连平常走路都做不到。寸步难行的她非常悲观和忧郁，当医生教她做一点儿运动，说这可能对她恢复健康有益时，她就像没有听到一般。随着年龄的增长，她的忧郁和自卑感越来越重，甚至，她拒绝所有人的靠近。但也有个例外，邻居家那个只有一只胳膊的老人却成为她的好伙伴。老人是在一场战争中失去一只胳膊的，老人非常乐观，她非常喜欢听老人讲故事。

这天，她被老人用轮椅推着去了附近的一所幼儿园，操场上孩子们动听的歌声吸引了他们。当一首歌唱完，老人说道："我们为他们鼓掌吧！"她吃惊地看着老人，问道："我的胳膊动不了，你只有一只胳膊，怎么鼓掌啊？"老人对她笑了笑，解开衬衣扣子，露出胸膛，用手掌拍起了胸膛……

那是一个初春，风中还有几分寒意，但她却突然感觉自己的身体里涌动起一股暖流。老人对她笑了笑，说："只要努力，一个巴掌一样可以拍响。你一样能站起来的！"

第三章 成功不仅需要苦寻，更需要守候

83

那天晚上，她让父亲写了一张纸条，贴到了墙上，上面是这样的一行字："一个巴掌也能拍响。"从那之后，她开始配合医生做运动。无论多么艰难和痛苦，她都咬牙坚持着。有一点儿进步了，她又以更大的受苦姿态，来求更大进步。甚至在父母不在时，她自己扔开支架，试着走路。蜕变的痛苦是牵扯到筋骨的。她坚持着，她相信自己能够像其他孩子一样行走，奔跑。她要行走，她要奔跑……

11岁时，她终于扔掉支架，她又向另一个更高的目标努力着，她开始锻炼打篮球和参加田径运动。

要勇敢地面对挑战，做一个生活的攀登者，只有这样才能攀上人生的顶峰，欣赏到无限的风景。

1960年罗马奥运会女子100米决赛，当她以11秒18第一个撞线后，掌声雷动，人们都站起来为她喝彩，齐声欢呼着这个美国黑人的名字：威尔玛·鲁道夫。

那一届奥运会上，威尔玛·鲁道夫成为当时世界上跑得最快的女人，她共摘取了3枚金牌，也是第一个黑人奥运女子百米冠军。

生活中，我们能够听到这样的话："立即干""做得最好""尽你全力""不退缩""我们能产生什么""总有办法""问题不在于假设，而在于它究竟怎样""没做并不意味着不能做""让我们干""现在就行动"。这些都是攀登者热爱的语言。他们是真正的行动者，他们总是要求行动，追求行动的结果，他们的语言恰恰反映了他们追求的方向。

生活中，当我们遭到冷遇时，不必沮丧，不必愤恨，唯有尽全力赢得成功，才是最好的答复与反击。

换个角度看待折磨你的事儿

人们常常在烦恼中不能自拔，常常在失败中不能爬起，常常在悲伤中不能走出来，常常不停犯错却找不出原因。如果这些人都能换一个角度思考的话，或许那些烦恼、失败、悲伤、错误都将是一个快乐和成功的起点。世界诚实而公平地存在着，而每个人眼中都有着一个与众不同的"小宇宙"，不同的人在各自的

"小宇宙"中发现着不同的色彩，演绎着各自的人生。

烈日的沙漠下，两个焦渴疲惫的旅人取出唯一的水壶，摇摇。一个旅人说："哎呀，太糟糕了，我们只剩半壶水了！"而另一个旅人却高兴地说："是吗？真幸运，我们还有半壶水！"其实，人生中的很多事就像那半壶水一样，换个角度，就有了不同的心情、不同的答案。

如果世界上的每个人都能有积极乐观的心态的话，那么你将多一份快乐，少一分忧愁；如果你能把失败看作是成功的起点，那么你将多一份自信，少一分挫折感；如果你能把悲哀化作力量，那么你将多一份动力，少一分哀愁；如果你能把每一次打击都看作是一次深刻的教训，那么你就会让自己变得强大起来，吸取每一次教训转化为成功的经验。

爱迪生为了寻找适合做灯丝的材料，进行了1000多次实验，当有人嘲笑他的失败时，他却自豪地说："我已发现了1000种材料不适合做灯丝！"这样的胸襟、这样的气度、这样的智慧，真让人拍案叫绝。而这一切，不正是源于爱迪生与众不同的思考角度吗？

人们在遭受打击、挫折或更多不可思议的时候，为什么不能换个角度去思考、去对待呢？或许一个良好的心态，能使你的心灵得到一丝安慰，或许在你遭受的事情中并不一定就是坏事，或许也是一个好的开端，把遭受不痛快的事化作一种让你重新振作的力量吧。

当你遇到困难与不幸的时候，不要太悲观，应从另外的角度去想想，那些困难只不过是在考验你；当你遇到不幸的时候，不要去怨恨别人，也不要觉得老天对你不公平，你应该想想这个世界上比你不幸的人还有许多，你可能是幸运的了。

无论是取得胜利还是遇到困难，都不可太自满和消沉，在你自满时，失败就可能会降临；在你消沉时，困难就可能更深地侵入，要学会勇敢地面对与克服。

人们在复杂的社会中奔波，每天接触着形形色色的人与事，如果我们不换个眼光，而总是以某种思维定式来评判谁是谁非，在看别人和看自己时下意识地采取两种标准，那么，就会严重影响我们对自身、对别人及对社会的正确认识。再美的世界，也就只能是雾里看花，甚至连花也不像了。

将失败像蜘蛛网一样轻轻抹去

在这个世界上，没有任何东西可以替代坚韧：教育不能替代，父辈的遗产和有力者的垂青也不能替代，而命运则更不能替代。

坚韧可以使柔弱的女子养活她的全家；坚韧使穷苦的孩子努力奋斗，最终找到生活的出路；坚韧使一些残疾人，也能够靠着自己的辛劳养活他们年老体弱的父母。除此之外，山洞的开凿、桥梁的建筑、铁道的铺设，没有一样不是靠着坚韧而成功的。人类飞天的梦想也要归功于一代代开拓者的坚韧。

作为命运的主宰者——人，我们应该学会坚韧，因为它常会带来意想不到的收获。人在现实中生活，犹如驾一叶扁舟在大海中航行，巨浪和旋涡就潜伏在你的周围，随时会袭击你，因此，你要当个好舵手，还得具有克服艰难的毅力和勇气，设法绕过旋涡，乘风破浪前进。换言之，坚韧也是面对磨难的一种手法，以不变应万变；坚韧更是一种力量，它能磨钝利刃的锋芒。

第二次世界大战时期，在纳粹集中营里，一个犹太女孩写过这样一首诗：

这些天我一定要节省，虽然我没有钱可节省；

我一定要节省健康和力量，足够支持我很长时间；

我一定要节省我的神经、我的思想、我的心灵和精神的火；

长时期地向着既定目标奋进、拼搏，必须具有坚韧的意志。

我一定要节省流下的泪水，

我需要它们安慰我；

我一定要节省忍耐，在这些风暴肆虐的日子，

在我的生命里，我多么需要温暖的情感和一颗善良的心。

这些东西我都缺少，

这些我一定要节省。

这一切，上帝的礼物，我希望保存。

我将多么悲伤，

倘若我很快就失去了它们。

在恶劣的环境下，小女孩一直用稚嫩的文字给自己弱小的灵魂取暖，用坚韧面对逆境。很多人在绝望中死去，而这个小女孩终于等到了战争结束，看到了新生的曙光。

人生是一个漫长的过程，实现人生的目标需要数十年的奋斗。长时期地向着既定目标奋进、拼搏，必须具有坚韧的意志。鲁迅先生在"风雨如磐"的旧社会，特别强调要坚持"韧性的战斗"。许多卓有成就的革命家、科学家、文艺家之所以取得成功，除了他们的才能之外，无一例外都具有意志坚韧这一心理品质。正是这种坚韧，使他们克服种种艰难险阻，百折不挠地向前搏击。

已过世的克雷吉夫人说过："美国人成功的秘诀，就是不怕失败。他们在事业上竭尽全力，毫不顾及失败，即使失败也会卷土重来，并立下比以前更坚韧的决心，努力奋斗直至成功。"有

些人遭到了一次失败，便把它看成拿破仑的滑铁卢，从此失去了勇气，一蹶不振。可是，在刚强坚毅者的眼里，却没有所谓的滑铁卢。那些一心要得胜、立志要成功的人即使失败，也不会视一时失败为最后的结局，还会继续奋斗，在失败后重新站起，比以前更有决心地向前努力，不达目的绝不罢休。

世界上有无数强者，即使丧失了他们所拥有的一切东西，也还不能把他们叫作失败者，因为他们有不可屈服的意志，有一种坚韧不拔的精神，有一种积极向上的乐观心态，而这些足以使他们从失败中崛起，走向更伟大的成功。在我们学习那些坚韧不拔、百折不挠的生活强者时，我们也能将失败像蜘蛛网那样轻轻抹去，只要我们心里有阳光，只要我们面对失败也依然微笑，我们就能说："命运在我手中，失败算得了什么！"

第四章

快乐不是因为拥有的多，
而是计较的少

必要的舍弃是为了更好地得到

一个孩子到果园去，看见爷爷正在梯子上咔嚓咔嚓地把果树上的一些枝条剪下来，小孩拿起一根枝条说："爷爷，它们长得好好的，你把它们剪掉多可惜！"爷爷说："傻孩子，剪掉它们，果树才能长得更好呢！"

在现实生活中，我们常常会遇到这样的情况：

将欲取之，必先予之；有所失，才有所得；有所不为，才能有所为。

生活的辩证法就是这样，放弃与获得结伴而行，相辅相成。

其实，人生就是一个不断放弃又不断获得的循环往复的过程。我们放弃了团聚，便有了千里之行；我们放弃了侥幸，便有了成功；我们放弃了安逸，便有了精彩的人生……在这里，放弃已经超越了丢掉的含义，升华成了一种生存的艺术。

放弃是一种理智，生活中，"鱼和熊掌"兼得的好事很难遇上，而在两者之间作出选择的事情却经常需要我们决断。此时，知其两者兼得不可能，而不再去做无畏的努力，是一种理智；在两者的取舍上，分清孰轻孰重，作出正确的选择，也是一种理智；在选择后，不再瞻前顾后，而是全力以赴去把选择的事情做好，使它成为自己人生精彩的一笔，更是一种理智。

把长得好好的枝干剪去，无论谁看起来都是可惜的，但只有真正懂它们的人才知道，为了能让主干长得更好，必须削枝强干，那样的放弃才有意义，才叫"舍得"。

人生之旅注定是坎坷的，我们常常会遇到许多难以抉择的事情，或是忧愁的，或是快乐的。你可以一并担起，但结果却不一定尽如人意。为何不尝试放弃呢？好像人的一生中时时刻刻都需要试着去学会放弃，放弃一块糖，放弃一次很好的机会，放弃一段感情，甚至是放弃自己的生命……但是当然，这种放弃不代表放弃一切，而是放弃羁绊你向前进的障碍，捡起希望。暂时的放弃，是为了更好地成长。

我们的人生含有青春与初恋的气息，我们往往会在这些东西上失去很多，然而我们试着去遗忘，那么就减轻了许多负担，敢于放弃是医治心灵最好的创伤药，唯有放弃才能使心灵得到释放，才能避免走向人生的极端。适时的舍弃是提升自己关键的一步，没有舍弃的选择是苍白无力的。

人生就如一份试卷，它有大量的选择题，但不可不选，并且还不以分数计算。有时，A或B你都不想放弃，但它无疑是一道单选题，它告诉你：你必须学会放弃。放弃一个选项，并不是放弃一个选题，更不是放弃整张试卷。所以，你不需要害怕放弃，要试着去学会放弃。因为，放弃不一定就是舍弃，而是默默地体验、感悟、储蓄、营造和追求。

失其实是另一种形式的得，不是吗？舍得舍得，有"舍"才有"得"。

不以物喜、不以己悲

生活中，物质并不是评定幸福与快乐的唯一准则，重要的是要有一颗平常心，不为名利所累，不为世俗所扰，不以物喜、不以己悲、轻松地走好人生的每一步。

细说来，"不以物喜"之"物"就是金钱、权力，也就是名和利。

"物"说白了，就是你的财富所显耀的人生价值。房子、车子、职位、权力、你毕生所取得的成就、你认为值得的物质财富。

"不以物喜"不仅仅是指不为物质名利所累，还有一层含义，即得到的已经得到了，何必沾沾自喜，现在的财富和名利只是证明了过去的价值。在任何时候都别把自己太当回事，无论你曾经取得了多么辉煌的成就，就算是站在了辉煌的浪尖，依然要保持一颗平常心。千万要记住，我们的路还很长，更多的机会和挑战还在我们的前头，如果我们只会欣赏现在的"物"，那么我们就可能会失去更广阔、更美好的未来。

"不以己悲"说的是人只要活着，在任何时候都不要在看到自己的弱点或是失败的时候就轻易否定自己，让自己陷入沮丧的情绪中，这样也许就完全限制了自己天马行空的自由心境，完全埋没了自己，是不值得的。

人对于一件事情要全力以赴这是当然，但是对于这件事情的态度却是不一样的，当我们做了我们全部能做的事情以后，那么结果就顺其自然吧。将自己的心境上升到利益之上，从永恒的观点来看待问题，这件事成功不成功又怎么样呢，只要无愧于本心就可以了。

人的一生面临太多得失，所谓"得失"，也许真的是有得必有失；所谓"舍得"，也许真的是先有舍才有得。

不要把过多的希望寄托在外物上。达到想要的东西时或者没达到想要的东西时，这些都只是看看而已，不要影响到自己的心绪。

一个人自身的福祉或者遭遇如何，幸福抑或悲惨，富裕抑或贫穷，这些都不需要太过在意。很多东西都只是偶然的作弄，不管怎样的人生际遇都不值得过于计较在意，因为都是很快就彻底消逝的东西。

人年龄越来越大，经历就会越发丰富，其中不乏大起大落。尤其是某些岁月，可能极其孤独或者坎坷。人在这样的环境下，心很容易变老，或者变得比较刻薄、怨天尤人、小心眼等。

所以不要过分放大生活中的高兴或者不高兴，要有一颗宏大的心，经得起磨砺和击打，在逆境、顺境中都能保持平常心。

其实，人生中的得失挫败并不可怕，重要的是要化悲伤为力量。是的，当不如意时，就把所有的烦恼都抛到九霄云外吧，不要为那些不顺心的事潸然泪下。无论面对失败还是成功，都要做到"不以物喜，不以己悲"，都要保持一种恒定平和的心态。

从得中失去，才能从失中获得

人赤条条地来到这个世界，又手握空拳地离去。人的一生不可能永久地拥有什么，一个人获得生命后，先是童年，接着是青年、壮年、老年，然而这一切又都在不断地失去，在你得到的同时，你其实也在失去，所以说人生获得的本身就是一种失去。人生在世，有得有失，有盈有亏，你得到了名人的声誉或高贵的权力，同时就失去了做普通人的自由；你得到了巨额财产，同时就失去了淡泊清贫的欢愉；你得到了事业成功的满足，同时就失去了眼前的奋斗目标。我们如果认真地思考一下自己的得与失就会发现，在得到的过程中也确实不同程度地经历了失去，整个人生就是一个不断地得而复失的过程。

事业上的挫折、人际关系的困扰、经济上的窘迫、健康上的烦恼……这些压力对人们来说都是很难承受的。所以，善待自己及身边的人就会活得快乐，苛求自己、要求别人就会活得很辛苦。假如每个人都能以一个开朗、自信、乐观的心境面对现实，那就会把不快乐的生活变得快乐。面对生活的压力，与其埋怨、焦急甚至堕落，还不如放宽身心，让自己生活在平凡、快乐的生活里，多一分色彩与充实，从而人生也显得舒畅。

俄国伟大诗人普希金在一首诗中写道："一切都是暂时，一切都会消逝，让失去的变为可爱。"居里夫人的一次"幸运失去"就是最好的说明。1883年，天真烂漫的玛丽亚（居里夫人）中学毕业后，因家境贫寒无钱去巴黎上大学，只好到一个乡绅家里去当家庭教师。她与乡绅的大儿子卡西密尔相爱，在他俩计划结婚时，却遭到卡西密尔父母的反对。这两位老人深知玛丽亚生性聪明、品德端正，但是，贫穷的女教师怎么能与自己家庭的钱财和身份相配称？父亲大发雷霆，母亲差点晕了过去，卡西密尔屈从了父母的意志。

失恋的痛苦折磨着玛丽亚，她曾有过"向尘世告别"的念头。玛丽亚毕竟不是平凡的女人，她除了个人的爱恋，还爱科学和自己的亲人。于是，她放下情缘、刻苦自学，并帮助当地贫苦农民的孩子学习。几年后，她又与卡西密尔进行了最后一次谈话，卡西密尔还是那样优柔寡断，她终于砍断了这根爱恋的绳索，去巴黎求学。这一次"幸运的失恋"，就是一次失去。如果没有这次失去，她的历史将会是另一种写法，世界上就会少了一位伟大的科学家。

学会习惯失去，往往能从失去中获得。得其精髓者，人生则少有挫折，多有收获。人会从幼稚走向成熟，从贪婪走向博大。

聪明人不计较得失

生活中，总少不了得与失的交换。如果我们患得患失、斤斤计较，那么就可能因局部而毁大局。一池一地看似很大，但在国家面前来说，却不值得一提。人生也一样，不要总把个人的得失看得那么重要，如果只专注于眼前，那么必定失去长远。不争一时短长，给自己制造一个好的环境，全心投入长远利益，那么眼前失掉的以后都会得到加倍的补偿。

聪明人永远不会在得失间斤斤计较。

人的一生就是在得与失中度过的，或者说人生就是得与失的集合体。因此，得到或者失去，本来就是人生之中平常的事，今天得到了这个，明天或许失去了那个。

我们活着每天都得到了大自然无私的赐予，我们无偿地享受着阳光、呼吸着空气。同时，我们又被自然界的规律回收着每个人都无比珍惜的青春，大自然是公正的。

也许在一个短时期来看，似乎你比别人少得到了东西，但是放在人生的长河中来衡量，得或许是失，失或许是得，这都是未曾可料的事情。

人生的风光和失意，只有自己最清楚，何况无论多么风光或多么糟糕的事情，一天之后便会成为过去，只要能够敞开胸怀，便没有什么大不了的，何必太在乎呢？有些时候急需改变的，或许不是环境，而是我们自己本身。

活着，我们就必须面对生活，就必须面对种种困惑，当你从一个狭小的房子里退出来的时候，会有更多漂亮、适合于你的房子供你选择，当你从紧抱着的一棵树上下来的时候，也许你会发现整个森林都是你的选择。

所以说，塞翁失马，焉知非福。只要换个心态、换个角度看待得与失，凡事就可能拿得起放得下。

患得患失，烦恼无穷

人之所以患得患失是因为太过于急功近利。

有些东西强求不得，比如爱情、名誉或钱财。以平和的心态去面对即将到来的一切，以感恩之心去面对生活的"馈赠"，不要认为是理所当然，比你努力的人没成功的多得是，何况你很侥幸。

以平和的心态去接受生活的"捉弄"，没有什么是必然的，更没有什么注定是你的，不要抱怨为什么是你，因为幸运的时候你不曾问过。你所要做的是尽最大努力将影响减少到最小，并从中有所感悟，得到一些生活之道。其实生活本身并不会说谎，它没有欺骗任何人，只是我们的眼睛在热闹喧哗中花了，我们的心在人潮拥挤中迷失了。即使才色平平，我们也总天真地认为自己不一般，总觉得命运之神会眷顾于我们，总有一刻自己会一鸣惊人，但事实上我们根本没学会如何"打鸣"。虽然嘴里说着天上不会掉馅饼，但心里却相信甚至期盼着自己会被砸中。如果心走失了，获得再多有何喜，失去再多有何悲？

好比年将老去，又少了些少年的畅想、青春的浪漫，既然无法抗拒，就顺其自然地走下去，让生命变得豁达、洒脱和从容。然而，生活中并不是人人都能理智地面对失去。

有个小和尚站在崖上看夕阳，泪流满面，老和尚经过，问他为什么流泪，小和尚说："夕阳多美，却为何留它不住？"老和尚说："傻孩子，明知不能留，又何必强求呢！"失去就有失去

负重是很难高攀的，只有丢掉各种负担和羁绊，才能解放精神，一身轻松地上路。

的道理，该失去的留也留不住。

其实，有所失未必都是坏事。有时候，失去本身就是另一种形式的获得。

种子落在地里，新芽就要破土而出；花儿落了，果实即将缀满枝头。

我们总是想拥有许多自己想拥有的东西。

然而，一个人的才华、时间、精力毕竟有限，要想做好一切事是不可能的。有些事，别人行，并不一定你也行，昨天行也不意味着今天你还行。尊重现实、顺其自然乃智者之慧，患得患失不仅折磨自己的心智，更会使自己一事无成、苦恼不堪。

观世间万事，既得之，则安之；既失之，亦安之。不患不得，亦不患得而复失。这是一种自然的、旷达的、超然的轻松人生。

宽心的人懂得取舍的标准

生活中，我们每天都要面对取舍，很多人徘徊在其间不知如何是好，但是宽心的人必然知道取舍的标准。

面对取舍，从古至今不知愁煞多少人，古语有云：鱼和熊掌，不可兼得；今人也常说：舍得舍得，有舍才有得。取与舍，两个词，一个动作，两种结局。由此感慨：取舍有道。而道之所在，存乎于心。取舍，是一种精神；取，是一种领悟，舍，更是一种智慧；这时取舍又多了一层意思，代表着为人处世的至高境界。而此时的"取舍"二字却很残酷地抛弃了那些弱者和没有能力的人，因为会有强者告诉你说：因为你没有认真地去"取"过，所以没有资格说"舍"。

"取舍"二字实在是寓意深刻：有取有舍，不舍不取，小舍小取，大取大舍；欲求得，先学施舍。取舍不仅是一种生活的哲学，也是一门生存的艺术，是选择、承担、忍耐、智慧、痛苦与喜悦的达观境界。

取与舍就如水与火、天与地、阴与阳一样，是既对立又统一的矛盾概念，相生相克、相辅相成，存于天地、存于人世、存于心间、存于微妙的细节，囊括了万物运行的所有机理。万事万物均在取舍之中，才能达至和谐、达到统一。

我们每一次取舍和选择都会影响到最终的结局，但有的选错了就会留下终生遗憾。正如伟大与渺小、天与地、水与火。选其一，这便是取舍。

当你是婴儿的时候，你只有取，不用你费劲费心，你还没有舍的选择权利，也不懂；当你孩童时，你开始接触取舍，父母、老师会告诉你什么可取，什么不可取，对于"舍"的概念你明白的只是"不要、不能、错"的意思；当你少年时，你学会了争取，而对"舍"在"不要、不能、错"的上面加了个"放弃、逃避"，你开始需要鼓励、理解和支持，需要有人告诉你正确地对待"取"的方法，却很少有人告诉你"舍"还有积极的一面；当你步入青年时，觉得自己已经成熟，似乎已不再需要求助或依赖他人，对于"取舍"二字有了自己青涩肤浅不是很肯定的看法，这些都建立在你儿时所受的教育和经历之上，往往都简单地将它分为是否、有无、加减、对错的两极分化状态，这时你的固执和叛逆或许会让你成功，或许会让你错过、失去、挫败。

非洲大陆上的斑马在岔路口选择了面对狮子的危险，从而开始了进化。事实证明它果然如愿以偿地摆脱了舌蝇的干扰，而狮子的危险往往是可以预知的，所以它的数量也逐渐变多。斑马学会了取舍，它取了对付舌蝇的好处，舍了对狮子的好处——宁可被光明磊落的狮子杀死也不被渺小之物征服。在《伊索寓言》中有这样一则故事：一只山羊为了摆脱一只狮子，跑进了一座神庙。狮子让它出来，而山羊却说："我宁可被神食用，也不愿被你所杀。"在必死的境域里它选择了被神食用也不愿被狮子食用。它也是会取舍的榜样，只有自己的选择才是"正确"的。

取舍是没有标准可言的，它唯一的标准就是你的心。

每一次舍去都是一次升华

山上，一朵不知名的小花生长在一棵高大的松树底下。小花觉得自己很幸运，因为大松树就像是它的保护伞，能为它遮风挡雨。因此，小花每天都高枕无忧，快乐地享受大松树的庇护。

有一天，山上来了一群伐木工人，他们把那棵大松树锯倒后，很快就运下了山。

失去了保护伞的小花，为自己的未来而担心起来。于是它痛苦地说道："老天啊！人们夺去了我的保护伞，从此那些肆虐的狂风会吹弯我的腰，倾盆大雨会把我的花打碎、枝叶打散，我再也没有好日子过了！"

"哦，孩子，你的好日子恰恰还在后头呢！"远处的另一棵树对小花说："只要你换个角度想，就会发现没有了大松树的阻挡，阳光会照耀着你，雨水会滋润着你；你弱小的身躯将会长得更加茁壮，你盛开的花瓣将呈现在灿烂的阳光下。当人们看到你时，会因你的可爱而称赞你，难道这样的日子你不想过吗？"

在生活中，当你突然之间失去了习惯已久的一些本以为可以长久依靠的东西时，痛苦和伤心是难免的，但只要你换一种思维方式，从另外一个角度去看问题，就会发现，在失去的同时你也能获得许多。

在人生道路上你是否看清：不是一切失去都意味着缺憾，不是一切得到都意味着圆满。

不要为失去的追悔伤心，也许失去意味着更好的得到，只要你选择的是纯洁而又美好的理想；不要为得到的而沾沾自喜，也许得到代表着你失去了更多，如果你选择的是虚荣而又自私的目标。

获得是很多人奋斗不止的目标，但有些东西却是不得不学会放弃的。学会了放弃的同时，我们也会收获很多意外的东西，懂得放弃的人会用乐观、豁达的心态去对待没有得到的东西，他们每天都有快乐和愉悦的心情伴随左右；而不懂得放弃的人只会盲目地追求，他们不仅最终未能达到目标，而且都陷于得与失的苦恼之中。

生活就是一种失去，失去了时间、失去了童年、失去了天真、失去了幼稚、失去了初恋，直到失去生命；生活也是一种获得，我们失去了时间，获得了生命；失去了童年，获得了青年；失去了天真，获得了理性；失去了幼稚，获得了成熟；失去了初恋，获得了情感；失去了生命，获得了解脱。有句话是这样说的："当一扇门对你关闭时，将会有另一扇窗为你开启。"

失去是一种痛苦，也是一种幸福，因为失去的同时你也在得到。失去了太阳，我们可以欣赏到满天的繁星；失去了绿色，我们可以得到丰硕的金秋；失去了青春岁月，我们走进了成熟的人生。

别因为失去而感到遗憾，要相信每一次失去都是升华。

明智的放弃胜过盲目的执着

一个现代很知名的作家讲述自己成功的秘诀，他说自己的成功第一要归功于坚持，第二也是坚持，第三还是坚持。忽然有人问：有第四吗？在场的人都笑了。作家很风趣地说："问得好，可惜我没遇到！"然后他很认真地告诉提问的人说："如果有第四，那就是放弃。"作家接着说："如果你的坚持仍不成功，恐怕就是你努力的方向出现了问题，或者是你的才能与成功难以匹配，这个时候，放弃比坚持更难得，也是你最明智的选择。你应当及时调整自己，寻找新方向。"

有时候放弃是一种睿智，它比坚持更为重要。心态从容，进退有据，放弃实际上也是一种选择，没有明智的放弃就不会有辉煌的选择。古人云："不要一条道走到黑""不能在一棵树上吊死"，话虽然有些不入耳，道理却是千真万确。

人们的情感总是希望无穷尽地获取、不甘放弃，于是便有了郁闷、无聊、困惑、无奈等种种不开心的事情。这时候，现实生活将逼迫你交出既得利益，聪明的人会放弃眼前看似重要的东西。怎么办？只有明智地放弃，看似放弃努力，其实是放弃了心中难言的痛苦，放弃痛苦也就意味着解脱。放弃，事实也是放飞自己的心灵，还原自己原始的内心。人为什么要生活在痛苦里，浪费那些原本就不适合你的生活呢？既然不适合你，既然痛苦，那就应该放弃。

人生有时候失败不在于最开始两手空空，而在于最开始拥有太多，一样也舍不得放下。

居里夫人外表美丽，为了避免外表的干扰，她从中学开始就把一头金发剪得很短，她明白自己的目标。她淡淡生活、静静思考、执着进取，一直登上智慧的高峰，而永葆理性的美丽。

世上的事很怪，如果我们注意观察，就不难发现："走路算账，财迷心窍"的人，他们绞尽脑汁，一门心思只想"得"到回报。往往是算计了一辈子，辛苦了一辈子，结果却是竹篮打水一场空，落了个悲惨下场；而那些愿意"舍"弃的人，他们时时处处先替别人着想，不计较个人得失，办事光明磊落，做人乐观向上，胸襟豁达，反而会赢得生意伙伴的信赖，在不经意间赚了个盆满钵满。

放下其实是没放下，放不下最后难免失去。所以，果断地放弃，才是一种明智。

难舍难得，天下事得失同生

在中国的语汇里，舍与得经常是连在一起用的，最有哲学的味道。人生的学问不是如何去得而是在于如何去舍，学会了舍才懂得了得。

过去，有一个人家里老鼠成灾，主人就找了一只猫来捕鼠。这只猫很会捕鼠，但是也咬鸡。一段时间后，主人家的老鼠没有了，同时鸡也几乎被咬死了。于是，儿子对父亲说："我们为什么还要留着一只专爱咬鸡的猫在家呢？"父亲告诉儿子说："这里面有这样一个道理，老鼠不但偷吃我们的粮食，而且还咬坏我们的衣服，如此横行下去，我们岂不要挨饿受冻了吗？没有了鸡，我们只是暂时吃不上鸡罢了，但是比较一下，这和挨饿受冻又差着一大截呢，我们为什么要赶走猫呢？"

要想得到不挨饿受冻的日子，就必须养猫舍鸡，付出代价才能有回报，这就是要想取之，必先予之。可是，世人常常只想取之，不想予之，只想得，不想舍，贪得无厌，最后的结果是失去更多。舍是得的前提，敢大舍的人才能大得。

同一时刻，人只有一双手，注定只能拿一样东西，必然要失去另外的东西；人只有一双眼，注定只能看一种风景；必然要错

过更多的风景；人只有一双脚，注定只能走一条道路，必定要留恋另一条路上的故事。我们常常不肯舍去自己手里的旧东西，而失去了获取更多新东西的机会。

当很多次工作机会出现在你面前时，必定只能从中挑选一个，那可想而知其他的机会就得舍弃。

"之所以选择现在的工作，是因为这边有很多的老乡，喜欢热闹的氛围。"人都说："选择了一个工作地方，必定是那里有值得留恋的人或事。"确实是这样的。在贾平凹先生看来，世界是阴与阳的构成，人在世上活着也就是一舍一得的过程。世界上没有两全其美的事情，也不可能鱼和熊掌兼得，我们从出生到死亡一直在做着"舍"和"得"的艰难的旅程。只有出生我们无从选择，只有终老我们无法避免。恋爱的时候，会有人喜欢你，但是，和你共同踏上红地毯的只能是你最爱的人。或许，你放弃了别人，才能收获你的最爱。

所以，舍与得是一体的，你若不愿意舍，就注定不会得。

舍得，有舍才有得

人生路漫漫，我们必须学会舍与得，有舍才有得。"舍得"是一门艺术，是一种精神境界；"舍得"也需要智慧，也需要勇气。

学会放弃才能拥有，全部得到是不现实的。这个世界上有太多美好的东西，它们就像潘多拉的魔盒一样，总是散发着让人难以抗拒的诱惑。所以，学会放弃未尝不是一件坏事。在大千世界中，要用辩证的思维看待问题，事情都有两面性，上帝在给你关上一扇门的同时必定会为你打开一扇窗。

在得到的同时，我们也许会失去一些东西，而失去的过程中，也可能会得到。人要懂得放弃和牺牲，这样才是真正的人生境界。

宋代词人苏东坡讨厌官场上的黑暗与险恶，不愿同流合污、随波逐流，便舍高官得清闲；美国作家海伦·凯勒又聋又哑且双目失明，她能成为一名作家，是因为她舍弃了与伙伴们玩耍的机会、休闲娱乐的时间才得今日之辉煌。

我们不能只得不舍，要有收获必有付出，付出便是一种舍。虽然它有代价，但人们在此方面付出时定能在彼方面得到数倍的回报。

舍得也是一种愉快的分享。就像当我们把别人需要、渴望的东西借给或送给他们时，也许会有一点损失。但看到别人的焦急没有了或者是脸上换上了笑容和惊喜，你一定会染上快乐的情绪，说不定他们也会回之以报成为你的朋友。舍是一门哲学，就其本质来说，源于生活，而又高于生活。"舍"并不难，是要人们达到一个忘我的境界，如果做不到，也要给自己一个恰当的定位。在人生的漫漫长路中，要舍弃不恰当的自我定位，要忘却不属于自己的东西。不苛求、不奢求、不强求，才是舍得的最高境界。

舍要理智，得靠智慧

有选择就有放弃。选择需要智慧，放弃也需要智慧。

舍得才能获得，有放弃才能有所得，它们之间是辩证的关系。比方说，有一个孩子，把手伸到一个装满榛子的瓶子里去，抓了一大把榛子。当他把手收回来时，手却被瓶口卡住了。他既不愿意放弃榛子，又不能把手缩回来，不禁伤心地哭了。这孩子显然还没有放弃的智慧，直到旁人提醒他，劝他知足，放弃一些榛子，让拳头小一点，他的手才能很容易地抽出来。

放弃，并不是让你放弃既定的生活目标、放弃对事业的努力和追求，而是放弃那些已经力所不能及、不现实的生活目标。其实，任何获得都需要付出代价，付出就是一种放弃。人在生活中需要不断作出选择，选择也是一种放弃。

放弃不是退缩和隐藏，而是教你如何在衡量自己的处境后有的放矢，聪明睿智地作出正确的选择。

当人执拗于某一方面，如金钱、名誉、地位或某项工作时，往往会表现出只专注于此，而不考虑其他的情况。无论是生活的哪个方面，总战术是"鱼与熊掌兼得"，什么都想要的人其实经常顾此失彼，甚至什么也得不到。在现实社会中，诱惑实在太多了，在诱惑面前我们只有着眼于大局，把握自己不合理的欲望，适当放弃，对不应得的不存非分之想，才是明智的行为。

1200多年前，鲁国的大臣公仪休，是一个嗜鱼如命的人。他

被提任宰相以后，鲁国各地有许多人争着给公仪休送鱼。可是，公仪休却正眼不看，并命令管事人员不可接受。

他的弟弟看到那么多从四面八方精选来的活鱼都被退了回去，很是可惜，就问他："哥哥你最喜欢吃鱼，现在却一条也不接受，这是为什么？"

公仪休很严肃地对弟弟说："正因为我爱吃鱼，所以才不接受这些人送的鱼。你以为那帮人是喜欢我、爱护我吗？不是。他们喜欢的是宰相手中的权力，希望这个权力能偏袒他们、压制别人，为他们办事。吃了人家的鱼，就要给送鱼的人办事。执法必然有不公正的地方，不公正的事做多了，天长日久哪能瞒得住人？宰相的官位就会被人撤掉。到那时，不管我多想吃鱼，他们也不会给我送来了，我也没有薪俸买鱼了，现在不接受他们的鱼，公公正正地办事，才能长远地吃鱼，靠人不如靠己呀！"

有一次，一个不知名的人偷偷往他家送了一些鱼，他无法退回，就把鱼挂在家门口，直到几天后鱼变得臭不可闻才把它们扔掉。从那以后，再也没有人敢给他送鱼了。

所以，能够约束自己的得失之心，懂得为自己的所作所为负责，即使在无人知晓的情况下仍能自律的人，在人生道路上就能把握好自己的命运，不会为得失越轨翻车。

用平常心代替高姿态

很多时候，我们会遇到被怠慢的事情，而我们常常自以为对名利看得很开，能够随遇而安，可真正回到现实里，我们才发现随遇而安，这并不是一件简单的事。

我们太容易高看自己，而忘记了那颗初心以及淡薄的平常心。

三国时东吴的步骘是淮阴人，东汉末年，社会动荡，他因避难来到江东。那时他父母双亡，穷困潦倒。

后来遇到和他同年的卫旌，两人结成朋友，一起以种瓜为生，他俩白天在瓜田忙碌，夜间则研读经传典籍。在他们的心目中，眼下只不过是暂时的境遇而已。

会稽郡有个姓焦的豪门大族，为人放纵，欺压乡邻，由于他曾经做过征羌县县令，所以人称焦征羌。

步骘与好友卫旌避乱于此，怕受其害，不得不到他那里拜拜码头，就挑些瓜放上名片送往焦府。

当时焦征羌正在屋子里睡觉，等了好长时间，也不见他出来，卫旌有些生气，就打算离去。步骘劝他说："我们来的目的就是因为害怕他势力强大，现在如果一走了之自命清高，恐怕只会结下冤仇，岂不与我们的目的背道而驰？"

又过了好长时间，焦征羌才打开窗户接见他们，身子斜靠着茶几，在地上摆了两个座席，让他们两个坐在窗外。

卫旌觉得更加耻辱，而步骘却神态自若毫不在乎。

114　淡定的人生不寂寞

待出了焦府大门，卫旌对步骘生气地说："你怎么能忍受这样的怠慢？"

步骘笑着说："贫贱与富贵的时候，都应该随遇而安。我们现在如此贫贱，他以贫贱对待咱们，这有什么羞耻或者光荣可说呢？"

然而贫贱是埋没不了人才的，后来步骘受到孙权的赏识，他横戈跃马，东征西讨，战功卓著，做官一直做到丞相。

可贵的是，富贵之后的步骘依然平和淡定，丝毫没有改变自己俭朴的生活方式，教诲子弟手不释卷，他的穿衣打扮就和一个普通的儒生一样，为人处世从未有盛气凌人的姿态。

人生的际遇千差万别，而面对同样的境遇，有的人愤愤不平，有的人却能随遇而安，皆缘于心境。

《菜根谭》里有一句话："我贵而人奉之，奉此峨冠大带也；我贱而人侮之，侮此布衣草履也。然则原非奉我，我胡为喜；原非侮我，我胡为怒？"一个人贫也好，富也好，高也好，低也罢，都不会是一成不变的，重要的是要有一颗平常心，处在高位仍能悠然自得。

低姿态才能为自己保留一席之地

吕后专权时，把刘邦的几个儿子差不多都杀光了。吕后死后，陈平、周勃等削平吕家势力。大臣们要求找刘邦的儿子来继承帝位，结果只剩下一个代王刘恒，被封在西北边塞。刘恒为什

么能躲过吕后的屠刀呢？因为他的母亲薄氏喜好道学，以"清静无为"为立身之本，防意如城，无欲无争。吕后没有把她放在眼里，她和儿子的性命才得以保全。

刘恒也跟母亲一样，喜好道学，性情朴实。他听说朝中大臣想迎请他当皇帝，非但没有欣喜若狂，反而有些犯愁。皇权人人想要，人家不争不抢，送到他手里，到底是真心还是假意？他拿不定主意，就去跟母亲薄氏商量。薄氏对道学修到比较高的境界，"无为无不为"，既没说该去即位，也没说不该去，而是建议儿子先派个人去看看再说。刘恒派老成持重的舅舅薄昭去长安了解情况。薄昭回来后报告说，天下人心仍然向着刘家，绝大多数大臣是支持刘家子弟即位的。这样，刘恒才动身去长安。

刘恒知道，这时候的生杀大权不在他手中，而是掌握在周勃等大将手中，稍微处置不当，那些将领一翻脸，不要说当皇帝，小命都难保，所以他必须谦虚谨慎。周勃等人率文武大臣来迎接他，跪在地上向他请安，他立即跪下来还礼。照说他是王，虽然尚未即帝位，也不必下跪还礼。但俗话说得好，"礼多人不怪"，宁可多礼，也不可失礼。

周勃将皇帝的玉玺奉献给刘恒，照规矩，这时刘恒就是皇帝了，可以发号施令了。但他却说："今天我初到，还不了解情况。天下之事，不一定要由我来当皇帝，可以当皇帝的人很多，我现在只是先代为把玉玺保管起来，过些时日再说。"

大臣们都觉得这位新君道行实在太高了，是帝位的理想人选。人家不是说"伴君如伴虎"吗？这位新君看来不可能当暴君，那么伴在他身边，比伴在老虎身边安全多了，所以大家越发拥护他。虽然如此，刘恒还是没有立刻即皇帝位，也不敢住进皇宫，在宾馆里住了九个月，等一切都观察清楚了，这才宣布即位。正如大家估计的那样，刘恒的道行确实很高，他只是一味谦逊而已，没有用任何暴力手段，就让大臣们服服帖帖。他只写了一封充满谦辞的信，就让谋反称帝的南越王赵佗自动取消帝号，向他称臣。至于他采用"与民休息"的无为之策，使天下走向繁荣，那又是另一种能力了。

把自己放低、保持低姿态是釜底抽薪的聪明做法。低调做人是一种品格、一种姿态、一种风度、一种修养、一种胸襟、一种智慧、一种谋略，是做人的最佳姿态。欲成事者必要宽容于人，进而为人们所悦纳、所赞赏、所钦佩，这正是人能立世的根基。根基既固，才有枝繁叶茂，硕果累累；倘若根基浅薄，便难免枝衰叶弱，不禁风雨。而低调做人就是在社会上加固立世根基的绝好姿态。低调做人，不仅可以保护自己、融入人群，与人们和谐相处，也可以让人暗蓄力量、悄然潜行，在不显山不露水中成就事业。

所以，我们要用平和的心态来看待世间的一切，修炼到此种境界，为人便能善始善终，既可以让人在卑微时安贫乐道、豁达大度，也可以让人在显赫时持盈若亏、不骄不狂。

放下身份，路会越走越宽

做人做事难免有不如意的时候，若能低调一下，也许就会峰回路转。如果你掌握了自我克制，也就掌握了一条低调做人的方法。

明朝苏州城里有位尤老翁，开了间典当铺。一年年关前夕，尤老翁在里间盘账，忽然听见外面柜台处有争吵声，就赶忙走了出来。原来是附近的一个穷邻居赵老头正在与伙计争吵。

尤老翁一向谨守"低调做人""和气生财"的信条，先将伙计训斥一遍，然后再好言向赵老头赔不是。可是赵老头板着的面孔不见一丝和缓之色，靠在柜台上一句话也不说。挨了骂的伙计悄声对老板诉苦："老爷，这个赵老头蛮不讲理。他前些日子当了衣服，现在，他说过年要穿，一定要取回去，可是他又不还当衣服的钱。我刚一解释，他就破口大骂，这事不能怪我呀。"尤老翁点点头，打发这个伙计去照料别的生意，自己过去请赵老头到桌边坐下，语气恳切地对他说："老人家，我知道您的来意，过年了，总想有身体面点儿的衣服穿。这是小事一桩，大家是低头不见抬头见的熟人，什么事都好商量，何必与伙计一般见识呢？您老就消消气吧。"尤老翁不等赵老头开口辩解，马上吩咐另一个伙计查一下账，从赵老头典当的衣物中找四五件冬衣来。然后，尤老翁指着这几件衣服说："这件棉袍是您冬天里不可缺少的衣服，这件罩袍您拜年时用得着，这三件棉衣孩子们也是要穿的。这些您先拿回去吧，其余的衣物不是急用的，可以先放在这里。"赵老头似乎一点儿也不领情，拿起衣服，连个招呼都不打，就急匆匆地走了。尤老翁并不在意，仍然含笑拱手将赵老头送出大门。没想到，当天夜里赵老头竟然死在另一位开店的街坊家中。赵老头的亲属乘机控告那位街坊逼死了赵老头，与他打了好几年官司。最后，那位街坊被拖得筋疲力尽，花了一大笔银子才将此事摆平。原来赵老头因为负债累累，家产典当一空后走投无路，就预先服了毒，来到尤老翁的当铺吵闹寻事，想以死来敲诈钱财。

没想到尤老翁做人一向低调，明显吃亏也不与他计较，赵老头觉得坑这样的人即使到了阴曹地府也要下地狱，只好赶快撤走，在毒性发作之前又选择了另外一家。

事后，有人问尤老翁凭什么料到赵老头会有以死进行讹诈这一手，从而忍耐让步，躲过了一场几乎难以躲过的灾祸。尤老翁说："我并没有想到赵老头会走到这条绝路上去。我只是根据常理推测，若是有人无理取闹，那他必然有所凭仗。在我当伙计的时候，我爹就常对我说，'天大的事，忍一忍也就过去了。'如果我们在小事情上不忍让，那么很可能就会变成大的灾祸。"尤老翁以少见的忍耐力避开了大的灾祸。的确，做人要低调一些，天大的事，忍一忍也就过去了，这可谓是能屈能伸、方圆做人的至高境界了。

美国前总统林肯曾经说过："对暂时斗不过的人要忍耐。"与其和狗争道被狗伤，还不如让狗先走。因为即使你将狗杀死，也不能治好被咬的伤，正所谓"小不忍则乱大谋"。

在待人处世中要低调，当自己处于不利地位或者危难之时，不妨先退让一步，这样做不但能避其锋芒、脱离困境，而且还可以独辟蹊径、重新占据主动。

第五章

爱的最高境界是要
经得起平淡的流年

一场挫折，还是一场游戏

人生欢喜多少事，笑看天下几多愁。

生活中我们需要懂得感谢，不光是那些帮助我们的人，甚至是敌人、挫折，我们也得学会感谢。感谢挫折，因为它让你学到了以前不具备的品质，使你更加成熟；感谢遗弃你的人，因为是他让你独立，让你自主行事；感谢天灾，它磨炼了你的意志，使你变得更加坚强。人生必须要经历磨难才能完美！要感谢善意的批评，也要感谢无理的谩骂；要感谢虚假的质疑，也要感谢真诚的讽刺；要感谢诚挚的朋友，也要感谢真正的敌人。也许我们被这些挡住我们去路的石块绊倒过，但是这些何尝不是有价值的金块呢？因为有了它们，我们的能力才得到了强化，我们的斗志才被一次次地激发。所以不要轻易丢掉绊倒你的石头，拾起它们，也许通过你的努力，它们就能变成闪闪发光的金子。

我们从小就在做游戏，游戏的本身就是在不断战胜挫折与失败中获取一种刺激与欢乐，假如没有挫折与失败，再好的游戏也会索然无味。人生有时就如一场游戏，但我们作为现实中的玩家，真的能够时时刻刻都快乐吗？人们在玩其他游戏时的心态，是寻找娱

乐，是带着挑战的心情去面对游戏中的困难与挫折，你面对强大的对手，不断地受伤受挫，但越是如此，你越发兴头十足。

试想，倘若人们在生活中，也有这么一种积极向上的游戏心态，那么失败与挫折，也就不会显得那般沉重与压抑。既然如此，我们为何不能将挫折变成一种游戏呢？那样便会让痛苦沮丧的心态超然快活起来。二者其实并无差别，只是人们在游戏中身心放松，而在生活中过于紧张。于是，你可以体味游戏中面对和战胜挫折的欢乐。同样，只有你将生活的挫折视为游戏，才会从中体味积极人生的快乐。

在成长的过程中跌倒是常有的事，人生要想得到欢乐就必须能承受跌倒带来的伤痛，这是对人的磨炼，也是一个人成长的必经过程。有的人跌倒一次便意志消沉、一蹶不振，甚至痛不欲生；有的人经历了无数次跌倒，仍然能够坚韧不拔、百折不挠。他们收集好每一次把自己绊倒的石头，激励自己，鼓舞自己，最终获得了成功。

第五章 爱的最高境界是要经得起平淡的流年

每个人的路都不一样，但命运对我们却是公平的，有所得必有所失，有痛苦也有快乐，就看你能不能咬定青山不放松，心往好处想。当我们梦想着奔向山顶，去看人生华丽风景的时候，突然被挫折打倒，我们痛苦悲伤。当无穷无尽的黑暗包围我们的时候，当一次次的努力尝试无果的时候，我们要开始反思了，反思自己是否被悲伤压抑得丧失了原本的能力。但这时，你不妨安慰自己，将生活中的挫折和困难视为"游戏"，不是游戏人生，而是为了以积极的心态面对现实，去战胜挫折和困难。笑看忧愁，笑看人生，如此而已。

严冬之后是暖春

四时更替，季节轮回，严冬过后是暖春，这是大自然的发展规律。在我们人类眼中，事物的发展似乎也遵循着这一规律，否极泰来、苦尽甘来、时来运转等成语无不反映了人们的一种美好愿望：逆境达到极点就会向顺境转化，坏运到了尽头好运就会来到。所以我们坚信，冬天终将过去，春天必将来临。这是对生活的信心，也是对生活的希望。有了信心与希望，无论事情多糟糕，我们也会有面对现实的勇气和决心。

也许生活的压力让你迷失自我，也许工作的繁忙让你喘不过气，也许失去的金钱让你跌入谷底，也许沉闷的心让你愁眉苦脸、整日抱怨，但这一切都是我们生命中必须要经历和承受的。

压力与动力并存，烦恼与高兴相伴，调整好自己的心态，学会为自己的心灵打开一扇窗，你会发现阳光灿烂依旧。

当你用微笑来面对不幸，用奋起来面对打击，用坚强来面对挫折，那么一个好的心态就会让你充满希望、振作起来。因为心中有阳光，黑夜来临时我们就不会害怕，阳光会照亮我们前行的路；暴风雨侵袭时我们就不会躲避，阳光会为我们的理想撑起一方晴空；困难挫折降临时我们就不会沮丧，阳光会给我们一往无前的动力，推动我们去改变现状。

即使昨天从黑暗和恐惧中爬起，即使今天被绝望和忧伤笼罩，但明天应该是明亮和充满希望的。坚强勇敢、乐观积极的心态，会温暖你颤抖的心灵，让你冲破寒冷的冰窖。人生有得也有失、有辉煌也有落寞、有欢笑也有泪水，但拥有一个积极的心态却是你一生的资本和财富。也许改变环境很难，改变别人很难，但改变自己的心态却不难，换一个角度、变一种心态，你就会豁然开朗。

人的一生本来就是由成功和失败相互交织组成的，世界上没有永远的失败，只有暂时的不成功。成败之间的转换只在瞬息之间，看似成功与失败位于人生天平的两端，其实二者又近在咫尺。

人间没有不弯的路，世上没有不谢的花。通往成功的路不会平坦宽阔，实现自己的梦想不会一帆风顺，但这些都只是暂时的。花开花落，潮起潮落，一切都会有终结的一天。生活是一场

即使昨天从黑暗和恐惧中爬起，即使今天被绝望和忧伤笼罩，但明天应该是明亮和充满希望的。

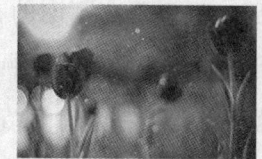

耐心的角逐赛，只要你能坚持下去，即便道路再崎岖难行，前途也是一片光明；生命是一朵花，纵然会在寒冬凋谢，但只要你坚持下来，下一个春天必定会绽放得更娇艳。

人在低处也飞扬

很多时候，打败自己的不是外部环境，而是我们自己。当我们跌落人生谷底，要相信自己一定能化解、克服，并于逆风之处扶摇直上，做到"人在低处也飞扬"。

人生原本就是如此矛盾，生与死、爱与恨、激情与平淡、执着与舍弃，一如顺境同逆境。

其实顺境、逆境，从来都不是绝对的东西。何谓顺境？说的是心情愉快，得到所有自己想要的东西，并且看得到前路的希望吗？何又所谓逆境呢？是否就是刚好相反，每天在不喜欢的现实中磕磕碰碰，为难自己，很想一个东西却偏得不到，明明已到手的东西，却突然不翼而飞了呢？

这个世界原本就充满了变数，唯一不变的只有这变化本身，从这个角度来讲，顺境对于人来说，其实却是最危险的时候。因为你春风得意，因为你意气风发，因为你成竹在胸，因为你对前路有太多希望和要求，因为你从来不认为你会失去，也因此，你看不到前路暗藏的危机和陷阱，也不会去想鲜花背后同样会有荆棘。所以顺境和逆境，原本就只有一线之隔。

每个人都有遇到逆境的时候，如何对待逆境，才是人生中最重要的课题。因为逆境是人生的十字路口，也是人生的试金石。逆境有时候就像人生的分水岭，你要做一个怎样的人，你要怎样掌控你的生命，只有在逆境中才会一览无余，也只有经过了逆境，你才能做一个自己想做的人。

面对逆境，会有三种人采取三种不同的态度：

第一种是改变自己去适应环境，既然得不到，那么就不想了吧，安于本分，生活给我什么，我就承受什么，兵来将挡，水来土掩，既来之，则安之；第二种是不愿向现实低头的，执着于追求，改变现状和人生，越挫越勇；第三种则可能是慨叹自己怀才不遇，怨天尤人，觉得生活太不公平，总觉得他人亏欠于自己。

第一种人值得尊重和理解，他们的勇气在于承担起生活的压力和重任，对自己的选择负责；第二种，同样是生活的勇者，因为他们懂得为自己的目标而执着付出。

还有一种人，是从顺境或逆境中走过来，心灵宽容豁达，从此不再有顺境逆境之分，心情平和淡然，懂得享受生命的过程，理解得失是生命中必然发生的事，更不会因为结果的成败而耿耿于怀。

顺境和逆境，在一定条件下是会反向转化的。只要秉持信念之灯继续前进，定能到达阳光地带。正如大多数成功者所坚信的那样："我知道我不是境遇的牺牲者，而是它们的主人。"

人生之中，无论我们的事业处于何种在他人看来卑微的境地，我们都不能自暴自弃，卑微抑或崇高只不过是世俗为我们贴上的标签，要学会以一颗平常心看待自己，能够暂时逃离尘世烦扰、置身低处休息片刻，难道不该悠然自得好好享受吗？

人生没有过不去的坎儿

有一位名人说道："没有永久的幸福，但也没有永久的不幸。"尽管在生活当中，我们每个人都会遇到各种各样的挫折和不幸，有时不仅仅要承受一种磨难，甚至有时候遭受噩运的时间可能长达几年、十几年，但是让人极度讨厌的厄运也有它的致命弱点，那就是它不会持久。

人们在遭受了厄运的打击之后，总是习惯抱怨自己的命运不好，但是他们往往忽略了，每个人都会遇到这样的挫折，而所有的挫折都会过去。

每个人的人生都有很多的路要走，但不管你走的是哪一条路径，困难、艰苦与险境都一定会出现。因此，我们不必动辄改道或临阵脱逃，唯有坚持下去，才能建立起坚强的信心，获得最后的胜利。如果我们已经付出了很多努力去做一件事，就不应轻易放弃，而应坚持不懈。这样，才不会前功尽弃，在黎明前的黑暗中倒下。

著名的法国科幻小说家凡尔纳在出版他的第一部科幻小说《气球上的五星期》时，遭受了出版社十几次的退稿。在一个冬日的上午，凡尔纳刚吃过早饭，忽然传来一阵敲门声，一开门，一个邮政工人便把一包沉重的邮件递到了凡尔纳的手里。打开里面的一封信，上面写道："凡尔纳先生：尊稿经我们审读后，不拟刊用，特此奉还。"自从凡尔纳几个月前把他的作品寄到各出版社后，收到这样的邮件已经有14次了，这是第15次被拒绝采用。凡尔纳被激怒了，他深知那些出版人根本不会好好阅读不出名作者的作品，因为他们根本不会把这些作品放在眼里。凡尔纳心里一阵绞痛，他发誓从此再也不写作了。

正当他拿起手稿走向壁炉，准备把这些稿子烧毁的时候，妻子赶过来一把抢过手稿紧紧抱在胸前。妻子用肯定的语气安慰丈夫："亲爱的，不要灰心，你只不过才试了十几次而已，再试一次吧，总会有出版社看到你的才华，也许这次就能交上好运呢。"

凡尔纳听了这句话后，沉默了好一会儿，最终接受了妻子的劝告，又抱起这一大包手稿到第16家出版社去碰碰运气。果然被妻子言中，这次成功了！这家出版社读完手稿后，觉得相当精彩，立即决定出版此书，并与凡尔纳签订了20年的出书合同。

迎来光明十分不易，只有承受得住漫漫长夜的人，才能坚持等到最后的日出。

生命不止，希望就不息。人生没有过不去的坎儿，心中充满希望，就能以坦然的心情看待挫折和打击，就能在困难中看到光明，在逆境中找到出路。当你困惑时，当你身处逆境时，要不停跟自己说：只要希望不灭，就一定能摆脱现状！

机遇与风险同行

　　法国的戴高乐曾经说过："困难，特别吸引坚强的人。因为他只有在拥抱困难时，才会真正认识自己。"真正的强者在遇到困难的时候，不仅不会沮丧，还会一次又一次地尝试，将困难变为人生的又一次机遇。

　　那么你呢？

　　你自己努力过吗？对于你所遭遇的困难，你愿意努力去尝试，而且不止一次地尝试吗？那样才会发现自己心中蕴藏着巨大能量。面对自己，竭尽所能去尝试改变，这些是成功的必备条件。

　　现实中有太多的人曾无数次被逆境击倒、被欺凌碾得粉身碎骨、失魂落魄从而觉得自己一文不值，事实上生命的价值不依

赖我们遇到的挫折或是困境而改变。无论发生什么或将要发生什么，我们永远不会丧失价值。无论肮脏或洁净、衣着齐整或不齐整，我们依然是无价之宝。只要我们抱着大不了从头再来的勇气，下次的成功就一定属于自己。

面对挫折让我们想想卧薪尝胆的越王勾践，想想在奥运赛场上倒下又爬起来的运动员，想想从黑暗无声的世界中挣脱的海伦，我们不难发现，挫折是完全可以战胜的，所以我们要勇于战胜挫折，而非一蹶不振。心情低落是没有用的，如果你觉得从来没有这么糟糕过，那你就对自己说：反正不会有比这更糟的时候了。这时你就会觉得心中豁然开朗很多，你就有了从零开始的勇气。

就算你的人生再糟糕，你的价值也没有被任何人夺走。要相信自己，从头再来，一步一个脚印地走好每一步。

遭遇逆境未必就不是好事，危险总是孕育着机会，黎明前总是黑暗。

当你身处逆境，换个角度去思考，说不定就能发现暗藏在其中的机遇，坏事就从此改变了你的命运。

当你认为你好运连连的时候，后面的发展却不一定好，正所谓祸福相倚。

没有绝对的好事，也没有绝对的坏事，好与坏是相互对立、相互转换的。

比如富足优越的生活虽然很好，却容易让人失去上进心；一贫如洗的日子虽然辛苦，或许更能激发你的斗志。

132　淡定的人生不寂寞

在人生的道路上，遭遇各种灾害、危险、困境是难免的，灾难降临之际，有人会感到恐慌；有人会躺倒叹息；有人会拼命与灾难搏斗；而有的人则会冷静地思考对策，从中寻觅创造财富的机会。虽然捕捉危机中的机遇并非易事，但面对人世间的各种危机也不必太过悲观，只要勤于发现、有一双敏锐的眼睛，绝处逢生并不难。

失败也是一次机会

谁都不愿意失败，因为失败意味着以前的努力将付诸东流，意味着一次机会的丧失。不过，一生平顺、没遇到过失败的人恐怕是少之又少。所有人都存在谈败色变的心理，然而，若从不同的角度来看，失败其实是一种必要的过程，也是一种必要的投资。数学家习惯称失败为"或然率"，科学家则称之为"实验"。如果没有前面一次又一次的"失败"，哪有后面的"成功"呢？

美国人做过一个有趣的调查，发现在所有企业家中平均有三次破产的记录，即使是世界顶尖的一流选手，失败的次数毫不比成功的次数"逊色"。例如，著名的全垒打王贝比路斯，同时也是被三振最多的纪录保持人。

大学毕业后的张霄进入一家大型公司工作。由于踏实肯干、能力突出，没几年就做到了市场部经理的位置，他的前途一片光明，心情自然是春风得意。

第五章 爱的最高境界是要经得起平淡的流年

133

天有不测风云，没过多久，公司出于战略调整的考虑，撤销了市场部，张霄的经理职务自然也就没有了，他在一夜之间沦为一个普通的业务员。张霄难以接受这一现实，心情低落，对工作也没了热情，甚至有了得过且过的想法。

一天下班后，张霄被总经理叫住，约他到郊外爬山。他们费了好大的精力才爬到山顶。正当张霄迷惑不解的时候，总经理指着远处的一座高山问道："你说咱们这座山和对面那座，哪个更高大？"他回答道："当然是那座山了，全市第一嘛！"

总经理缓缓地点了点头："那么我们现在怎么才能到达那座山的山顶上呢？"张霄怔了怔："先从这座山下去，再上那座山。"

若能把失败当成人生必修的功课，你会
发现大部分的失败都会给你带来一些
意想不到的好处。

总经理回过头来笑道："你说得很对！有时候人往低处走也不完全是坏事。你一定很希望我把你直接放在销售经理的职位上吧？其实，就像我们刚才说的，销售和市场也是两座山，除非你是天才，能直接跳过去；我们这些凡人只有一步一步去做比较实际。更何况，在你面前的，不仅仅只有这两座山，远处还有许多更高的山呢！"

张霄明白了总经理的意图，回去之后，他开始主动学习销售方面的知识，慢慢又找回了以前的工作热情。一年后，他坐上了销售部经理的位子。两年后，他又成了总经理助理。

其实，失败并不可耻，不失败才是反常，重要的是面对失败的态度，是能反败为胜，还是就此一蹶不振？杰出的企业领导者，绝不会因为失败而怀忧丧志，而是回过头来分析、检讨、改正，并从中发掘重生的契机。

许多人之所以能获得最后的胜利，只是缘于他们的屡败屡战。对于没有遇见过大失败的人，他们有时反而不知道什么是大胜利。

其实，若能把失败当成人生必修的功课，你会发现大部分的失败都会给你带来一些意想不到的好处。

因为泥土的滋养，才有鲜花的芬芳

"罗马不是一天建成的"，任何一个伟大事业完成的背后，总有不少感天动地的故事。而故事中的"英雄""伟人""名人"也是在不为人知的岁月里，花了许多宝贵的时间、流了许多辛勤的汗水。

有一个小男孩生长于旧金山贫民区，因为从小营养不良，他患上了软骨症，6岁时双腿变形，小腿严重萎缩。但是这个小男孩没有因为疾病而放弃自己要成为美式橄榄球全能球员的梦想，杰出的球手吉姆·布朗是他的偶像。

13岁时，男孩不顾双腿的不便，一跛一跛地到球场去为心中的偶像加油。比赛后，他在一家冰淇淋店里终于近距离看到了吉姆·布朗，那是他多年来所一直期望的。男孩大大方方地走到这位大明星跟前，大声说道："布朗先生，我是您最忠实的球迷！"吉姆·布朗和气地向他说了声谢谢。这个小男孩接着又说道："布朗先生，我记得您所创下的每一项纪录。"吉姆·布朗十分开心地笑了，说道："真不简单。"这时小男孩挺了挺胸膛，眼睛闪烁着光芒，充满自信地说道："布朗先生，有一天我要打破你所创下的每一项纪录。"

听完小男孩的话，这位球场上的明星微笑着对他说："好大的口气，孩子，你叫什么名字？"小男孩得意地笑了，说："奥伦索，先生，我的名字叫奥伦索·辛普森。"

从那以后，奥伦索·辛普森靠着顽强的毅力同病魔抗争，坚持练球，心中只有一个目标：超越。十几年的坚持没有白费，辛普森最终在美式橄榄球场上打破了吉姆·布朗创下的所有纪录。

是什么激发了男孩令人难以置信的能力？又是什么使一个行走

不便的人成为球场上的佼佼者？人生路上，我们首先做的事便是订立目标，接着就可以朝着这个目标坚持不懈地奋斗了。记住，毅力能改写你的人生，能把看不见的梦想变成看得见的现实。

聪明的人并非都能成功，成功的人也不是比别人都聪明，但可以肯定的是，成功的人一定比别人更有胆量和毅力。强者成功地开发了自己的毅力并有效地经营成功，弱者被自己的放弃而打败。使人走向成功的因素很多，最关键的是你是否有毅力坚持下去，是否能战胜横亘在面前的困难。有了目标，不懈地努力，靠着毅力移山倒海，必定能够达成目标。

我们不要只羡慕鲜花的芬芳，没有泥土的滋养，它们也没有绽放的机会。一分耕耘，总有一分收获，泥泞的道路上布满勤奋的脚印，路的那一端才能真正地通向成功。作为一个现代人，应具有迎接挑战的心理准备。世界充满了机遇，也充满了风险。要不断提高自我应付挫折的能力，调整自己，增强社会适应力，坚信挫折中蕴含着机遇。

幸运的疼痛

在人生的岔道口上，若你选择了一条平坦的大道，可能会有一个舒适而享乐的青春，但你就会失去一个很好的历练机会；若你选择了坎坷的小路，你的青春也许会充满痛苦，但人生的真谛也许就此被你领悟。

不管遇到什么，也许有跌倒的时候，也许有不够勇敢的时候，但是如果跌倒了就不敢爬起来，不敢继续向前走，或者决定放弃，那么你将永远止步不前。只有抬起头，勇敢地朝前看，才能战胜一切困难。

有一个人拎着油瓶在路上行走，不经意间，路上一块凸起的石头将油瓶撞碎了，油洒了一地。但那人只瞧了一眼，就继续赶路了。别人看见了，以为他不知道，便大声对他说："你的油洒了。"他头也不回，径直往前走。那人见他这样，很纳闷，赶上前去问："说你的油洒了，你难道没看见吗？"行走的人说："我看见了啊，可油洒都洒了，又捡不起来，再说天快黑了，离家还很远，我得赶路呢。"

尘世之间，变数太多，就好像手中的油瓶刹那间被石头撞碎一样。事情一旦发生，就绝非一个人的心境所能改变。伤神无济于事，郁闷无济于事，一门心思朝着目标走，才是最好的选择。

在琐碎的日常生活中，遭遇挫折、被坎绊倒的事在所难免。但总有人一味沉溺在已经发生的事情中，不停地抱怨、不断地自责。这样一来，将自己的心境弄得越来越糟。这种对已经发生的无可弥补的事情不断抱怨和后悔的人，注定会活在迷离混沌的状态中，看不见前面一片明朗的人生。之所以这样，是因为经历的磨炼太少。正如俗语说的那样："天不晴是因为雨没下透，下透了，也就晴了。"

抛掉失去后的伤神和哭泣吧，要想发挥自己的潜能、取得事业的成功，就必须勇于忘却过去的不幸，开始新的生活。莎士比亚说过："聪明的人永远不会坐在那里为自己的损失而哀叹，他们会去寻找办法来弥补自己的损失。"

每个人都不可避免地要承担生活的苦难，一味地怨恨是可悲的。苦难不是不幸的情报员，恰恰相反，它往往是通往幸福的敲门砖。虽然可能会使你承受精神上的折磨，扰得你找不到心理的平衡，看不到前方的亮光，可正是因为经历了这些，才开始成长，才开始知道怎样积累生活的经验。

没有经历过风霜雨雪的花朵，无论如何也结不出丰硕的果实。只有历经折磨，才能历练出成熟与美丽，抹平岁月给予我们的皱纹，让心保持年轻和平静，让我们得到成长和成功。所以，每一个勇于追求幸福的人、每一个有眼光和思想的人都会感谢折磨自己的人，唯有以这种态度面对人生，我们的生活才会洋溢着更多的欢笑和阳光，世界在我们眼里也才会更加美丽动人。

感谢那一份使你清醒的疼痛，因为它，你才能大步向前，追求人生的幸福。

放大承受的胸怀

人生是一种承受，需要学会支撑。支撑事业、支撑家庭，甚至支撑起整个社会，有支撑就一定会有承受，支撑起多少重量，就要承受多大压力。从某种意义上说，生活本身就是一种承受。

承受痛苦。痛苦就人生而言，常常扮演着不速之客的角色，往往不请自到，有些痛苦来得温柔，如同慢慢降临的黄昏，在不知不觉间你会感到冰冷和黑暗；有些痛苦来得突然，如同一阵骤雨、一阵怒涛，让我们来不及防范。当我们屈服于痛苦的时候，它可能使我们沮丧、潦倒，甚至在绝望中走向灭亡；当我们承受了痛苦，我们就会变得坚强自信，那么，此时痛苦就变成了一笔无价的财富。

承受幸福。幸福需要享受，但有时候，幸福也会轻而易举地击败一个人。当幸福突然来临的时候，人们往往会被幸福的旋涡淹没，从幸福的巅峰上跌落下来。承受幸福，就是要珍视幸福而不是一味地沉浸其中，如同面对一坛陈年老酒，一饮而尽往往会烂醉如泥不省人事，只有细品慢咽，才会品出真正的香醇甜美。

承受平淡。人生中除了幸福和痛苦，平淡占据了我们生活的大部分。承受平淡，同样需要一份坚韧和耐心，平淡如同一杯清茶，点缀着生活的宁静和温馨。在平淡的生活中，我们需要承受淡淡的孤寂与失落，承受挥之不去的枯燥与沉寂，还要承受遥遥无期的等待与无奈。

承受孤独，会使我们倍加珍惜友谊；承受失败，会使我们的信心更加坚定与深厚；承受责任，会使我们体会到诚实与崇高；承受爱情，则会使我们心灵更臻充盈、完美。当我们终于学会心平气和地去承受时，那么，我们的人生就达到了一定的高度。

张艾嘉曾经说过一句话，似乎偏激但也不无道理："所有的女人所承受的伤害都是她愿意受的，她不愿意受的伤害，伤害不到她。"归结起来是说，只有内心珍惜、放不下的东西才能真正地伤害你。

生命中会有很多难以承受的事情，如果我们能够放大自己的胸怀，很多萦绕在心中的小事就不会再困扰你。

战胜苦难

有一句话说得很好："当上帝要想成就一个人，必先去磨炼他；魔鬼要想毁灭一个人，必先去放纵他。"这也就是在我国流传很广的那句话"天将降大任于斯人也"的另一种演绎版本。从众多的事例中我们可以发现，磨炼其实是一种爱，是为了创造一种先苦后甜的条件，是为了让我们更加接近幸福，也是为了让自己不再受苦。所以，想要不再吃苦，就要配合上帝的磨炼，去战胜苦难。

1850年8月21日，在巴尔扎克的葬礼上，雨果所致的悼词中有这样的话："在伟大的人物中间，巴尔扎克是最伟大的一个；在优秀的人物中间，巴尔扎克是最优秀的一个。可叹啊！这个坚强的、永远不停止奋斗的哲学家、思想家、诗人、天才作家，在

我们中间，他过着风风雨雨的生活，遭逢了任何时代一切伟人都遭逢过的恶斗和不幸。如今，他走了，他走出了纷扰和痛苦。"

是的，巴尔扎克一生坎坷，幼年就缺乏母爱。家庭和母亲对他冷漠无情，他好像是家里多余的人。巴尔扎克后来回忆起这段生活时曾愤愤地说："我从来不知道什么叫母爱。""我经历了人的命运中所遭受的最可怕的童年。"

长大以后的巴尔扎克立志要从事清苦的文学创作，当一个"文坛国王"。从1819年夏天开始，他整天在一间阁楼里伏案写作。阁楼咫尺见方，他的居所简陋寒酸，夏天热腾腾，冬天冷飕飕。他没有白天、没有黑夜、没有娱乐，总是不停地写。结果在与书商打交道的过程中不断受骗，以致负债累累，债务高达10万法郎，为了躲债他6次迁居。他对朋友说："我经常为一点儿面包、蜡烛和纸张发愁。债主迫害我像迫害兔子一样，我常像兔子一样四处奔跑。"

巴尔扎克一生勤奋地写作，常常独自连续工作18个小时。在不到20年里，他共创作91部小说，在世界上有广泛影响，但他的一生却是在贫困和痛苦中度过的。他曾用一句话概括自己："一生的劳动都在痛苦和贫困中度过，经常不为人理解。"但是最终他成为了一代文坛巨匠。

所以，困难是人生的伴侣，困境是现实的存在，这是我们不愿意接受的，但也是无法逃避的。如果你真正过上没有苦难的生活，就要有足够的心理准备，当遇上不顺心的事情时，学着用乐观、向上的心态来战胜失败和挫折，将苦难踩在脚下，不给它一丝喘息的机会。

因此，当人生的路程中不小心邂逅困难时，先让自己从心灵里强大起来，没有人希望自己的一生在苦海中泅渡。但是，人生又岂可永远平静无波澜？遇到点儿困难其实并不可怕，困难不过是一种考验与磨炼，是为了让我们更好地感觉幸福的可贵，加倍地珍惜幸福的生活。

留住希望的种子

世事无常，我们随时都会遇到困难和挫折。当遇见生命中突如其来的困难时，不要把自己禁锢在眼前的困苦中，而要把眼光放远一点，当你看得见成功的未来远景时，便能走出困境，到达梦想的彼岸。

俗话说，"坚持不一定成功，但放弃一定会失败"，这话虽然有些过于肯定，但不是全无道理。人的一生本就是由成功和失败相互交织而成，生活中没有永远的失败者，如果你放弃了，就等于自己给自己宣判了失败。世界上只有一种失败，那就是放弃，所以，在遭遇失败时，我们不妨对自己说："失败只是暂时的。"只要你比别人多坚持一点，多努力一点，多自信一点，你就能获得成功。

失败是一种财富，它会带给你一时的伤痛，但是没有永远的失败，这些必经的曲折只会让你更加坚强。从失败里，我们可以学到许多，可以了解自己被什么绊倒，这样在以后就会少犯或不犯相似的错误。

戴安娜·高登，这个美国运动史上的传奇人物，用自己的意志和坚持，创造了人类的又一个奇迹。她小时候就患上了骨癌，为了保住生命，她被迫锯掉了右脚。但癌细胞还是扩散了，在非人的折磨中，她又失去了乳房和子宫。当厄运接连不断地降临在这个幼小的生命上时，她哭泣过、痛苦过、悲伤过，但从未放弃过自己从小以来的梦想——成为一名出色的滑雪运动员。她一直告诫自己："轻言放弃就是失败，我必须对自己的生命负责！"

在一次次的滑雪练习中，戴安娜·高登不断地品尝着失败的滋味。由于身体的原因，很多时候训练都无法持续很久，但困难没有把她吓倒，顽强的意志和无比的勇气最终成就了她。戴安娜·高登在和病魔的对抗中战胜了自己，凭着努力，她参加了多次美国滑雪锦标赛，共获得29枚金牌，还创下了多项世界纪录。

生命的潜能是无限的，而最容易被激发出无限可能的时机，正是我们最沮丧、困顿的时候。绝望的那一刻，往往是希望的开始；危机的尽头，往往就是转机；山穷水尽的地方，往往就是柳暗花明。只要不放弃，就会有希望。人生总有逆境，当我们在绝望中苦苦挣扎时，只要再多一份顽强、多一份忍耐、多一份自信，就会赢得命运的转机。

无论你在人生的哪个时刻被命运甩进黑暗，都不要悲观、丧气，这时候，你体内沉睡的潜能最容易被激发出来。黑暗笼罩你的时候，也许正是为了帮你找到那个散发着微弱光芒的出口。

无论到什么时候我们都应该记住：只要我们心中的希望不灭，只要不轻言放弃，我们的脚下就一定会有新的道路。

当我们处于厄运、面对失败的时候，当我们面对重大灾难的时候，只要我们仍能在自己的生命之杯中盛满希望之水，那么，无论遭遇什么样的坎坷不幸之事，我们都能永葆快乐心情，我们的生命才不会枯萎。

从头再来

如果看看世界上那些成功人士的生平经历就会发现，那些声震寰宇的伟人，都是在经历过无数的失败后又重新开始拼搏才获得最后的胜利的。

这个世界上大多数人都失败过，一些人越战越勇，排除万难迎来了成功，而另外一些人却从此萎靡不振，陷入了人生的泥沼。其实，所有的不幸都不可怕，可怕的是我们丧失了斗志，失去了面对的勇气。只要我们的生命还在，跌倒了就爬起来，所有的伤痛就都可以治愈。

有一首诗写道："白云跌倒了，才有了暴风雨后的彩虹；夕阳跌倒了，才有了温馨的夜晚；月亮跌倒了，才有了太阳的光辉。"

在坚强的生命面前，失败并不是一种摧残，也并不意味着你浪费了时间和生命，而恰恰是给了你一个重新开始的理由和机会。

一次讨论会上，一位著名的演说家面对会议室里的200个人，手里高举着一张20美元的钞票问："谁要这20美元？"一只只手举了起来。

他接着说："我打算把这20美元送给你们当中的一位，在这之前，请准许我做一件事。"他说着将钞票揉成一团，然后问："谁还要？"仍有人举起手来。他又说："那么，假如我这样做又会怎么样呢？"他把钞票扔到地上，又踏上一只脚，并且用脚碾它。而后，他拾起钞票，钞票已变得又脏又皱。"现在谁还要？"还是有人举起手来。

"朋友们，你们已经上了一堂很有意义的课。无论我如何对待那张钞票，你们还是想要它，因为它并没贬值，它依旧值20美元。"

在曲折的人生旅途上，如果我们也能够承受所有的挫折和颠簸，能够化解与消除所有的困难与不幸，我们就能够活得更加长久，我们的人生之旅也会更加顺畅、更加开阔。

在人生路上，我们又何尝不是那"20美元"呢？无论我们遇到多少艰难困苦或是受挫多少次，我们其实还是我们自己，并不会因为一次失败而失去固有的实力和价值，也并不会因为身陷挫折而贬值。

就算你的人生再糟糕，你的价值也没有被任何人夺走。要相信自己，从头再来，一步一个脚印地走好每一步。

人们从每次错误中可以学习到很多东西，并调整自己的路线，重新回到正确的道路上。错误和失败是不可避免的，甚至是必要的：它们是行动的证明——表明你正在做着事情。

西奥多·罗斯福说："最好的事情是敢于尝试所有可能的事，经历了一次次的失败后赢得荣誉和胜利。这远比与那些可怜的人们为伍好得多，那些人既没有享受过多少成功的喜悦，也没有体验过失败的痛苦，因为他们的生活暗淡无光，不知道什么是胜利，什么是失败。"

在这个世界上，有阳光，就必定有乌云；有晴天，就必定有风雨。从乌云中解脱出来的阳光比以前更加灿烂，经历过风雨洗礼的天空才能更加湛蓝。人们都希望自己的生活如丝顺滑、如水平静，可是命运却给予人们那么多波折坎坷。此时我们要知道，困难和坎坷只不过是人生的馈赠，它能使我们的思想更清醒、更深刻、更成熟、更完美。

所以，不要害怕失败，在失败面前只有永不言弃者才能傲然面对一切，才能最终取得成功。其实，失败不过是从头再来。

第六章

生命如茶，慢慢地等，
细细地品

不完满才是人生

一位名叫奥里森的人希望寻找到一个完美的人生，他某天有幸遇到了一位女士，她告诉奥里森她能帮他实现愿望，并把他带到了一所房子前让他选择他的命运。奥里森谢过了她，向隔壁的房间走去。里面的房间有两个门，第一个门上写着"终生的伴侣"，另一个门上写的是"至死不变心"。奥里森忌讳那个"死"字，于是便迈进了第一个门。接着，又看见两个门，左边写着"美丽、年轻的姑娘"，右边则是"富有经验、成熟的妇女和寡妇们"。当然可想而知，左边的那扇门更能吸引奥里森的心。可是，进去以后，又有两个门，上面分别写的是"苗条、标准的身材"和"略微肥胖、体型稍有缺陷者"。用不着多想，苗条的姑娘更中奥里森的意。

奥里森感到自己好像进了一个庞大的分拣器，在被不断地筛选着。下面分别看到的是他未来的伴侣操持家务的能力，一扇门上是"爱织毛衣、会做衣服、擅长烹调"，另一扇门上则是"爱打扑克、喜欢旅游、需要保姆"。当然爱织毛衣的姑娘又赢得了奥里森的心。

他推开了把手，岂料又遇到两个门。这一次，令人高兴的是，介绍所把各位候选人的内在品质也都分了类，两个门分别介绍了她们的精神修养和道德状态："忠诚、多情、缺乏经验"和"天才，具有高度的智力"。

奥里森确信，他自己的才能已能够应付全家的生活，于是，便迈进了第一个房间。里面，右侧的门上写着"疼爱自己的丈夫"，左侧写的是"需要丈夫随时陪伴她"。当然奥里森需要一个疼爱他的妻子。下面的两个门对奥里森来说是一个极为重要的抉择：上面分别写的是"有遗产，生活富裕，有一幢漂亮的住宅"和"凭工资吃饭"。理所当然地，奥里森选择了前者。奥里森推开了那扇门，天啊……已经上了马路了！那位身穿浅蓝色制服的门卫向奥里森走来。他什么话也没有说，彬彬有礼地递给奥里森一个玫瑰色的信封。奥里森打开一看，里

面有一张纸条，上面写着："您已经'挑花了眼'。"

人不是十全十美的。在提出自己的要求之前，应当客观地认识自己。像奥里森那样渴求人生的完美，不仅对自己的心灵带来沉重负担，也是"不可能完成的任务"。其实人生当有不足才是一种"圆满"，因为不完美才让人们有盼头、有希望。

古时候，一户人家有两个儿子。当两兄弟都成年以后，他们的父亲把他们叫到面前说：在群山深处有绝世美玉，你们都成年了，应该做探险家，去寻求那绝世之宝，找不到就不要回来。兄弟俩次日就离家出发去了山中。

大哥是一个注重实际、不好高骛远的人。有时候，发现的是一块有残缺的玉或者是一块成色一般的玉甚至那些奇异的石头，他都统统装进行囊。过了几年，到了他和弟弟约定的会合回家的时间。此时他的行囊已经满满的了，尽管没有父亲所说的绝世完美之玉，但造型各异、成色不等的众多玉石，在他看来也可以令父亲满意了。

后来弟弟来了，两手空空，一无所得。弟弟说，你这些东西都不过是一般的珍宝，不是父亲要我们找的绝世珍品，拿回去父亲也不会满意的。我不回去，父亲说过，找不到绝世珍宝就不能回家，我要继续去更远更险的山中探寻，我一定要找到绝世美玉。哥哥带着自己的那些东西回到了家中。父亲说，你可以开一个玉石馆或一个奇石馆，那些玉石稍一加工，都是稀世之品，那些奇石也是一笔巨大的财富。短短几年，哥哥的玉石馆已经享誉八方，他寻找的玉石中，有一块经过加工成为不可多得的美玉，被国王御用为传国玉玺，哥哥因此也成了倾城之富。在哥哥回来的时候，父亲听了他介绍弟弟探宝的经历后说，你弟弟不会回来了，他是一个不合格的探险家，他如果幸运，能中途所悟，明白至美是不存在的这个道理，是他的福气。如果他不能早悟，便只能以付出一生为代价了。

很多年以后，父亲的生命已经奄奄一息。哥哥对父亲说要派人去寻找弟弟。父亲说，不必去找，如果经过了这么长的时间和挫折都不能顿悟，这样的人即便回来又能做成什么事情呢？

世间没有绝美的玉，没有完美的人，没有绝对的事物，为追求这种东西而耗费生命的人，是多么不值得！人也是如此，智者再优秀也有缺点，愚者再愚蠢也有优点。对人多做正面评估，不以放大镜去看缺点，生活中对己宽、对人严的做法，必遭别人唾弃。避免以完美主义的眼光去观察每一个人，以宽容之心包容其缺点。责难之心少有，宽容之心多些，没有遗憾的过去无法链接人生。对于每个人来讲，不完美是客观存在的，无须苛求、怨天尤人。

苛求完美，生活会和你过不去

"金无足赤，人无完人。"即使是全世界最出色的足球选手，10次传球也有4次失误，最棒的股票投资专家也有马失前蹄的时候。我们每个人都不是完人，都有可能存在这样或那样的过失，谁能保证自己的一生不犯错误呢？也许只是程度不同罢了。如果你不断追求完美，对自己做错或没有达到完美标准的事深深自责，那么一辈子都会背着罪恶感生活。

过分苛求完美的人常常伴随着莫大的焦虑、沮丧和压抑。事情刚开始，他们就担心失败，生怕干得不够漂亮而不安，这就妨碍了他们全力以赴地去取得成功。而一旦遭遇失败，他们就会异常灰心，想尽快从失败的境遇中逃离。他们没有从失败中获取任何教训，而只是想方设法让自己避免尴尬的场面。

很显然，背负着如此沉重的精神包袱，不用说在事业上谋求成功，在自尊心、家庭问题、人际关系等方面，也不可能取得满意的效果。他们抱着一种不正确和不合逻辑的态度对待生活和工作，他们永远无法让自己感到满足。

日本有一名僧人叫奕堂，他曾在香积寺风外和尚处担任典座一职（即负责斋堂）。有一天，寺里有法事，由于情况特殊必须提早进食。乱了手脚的奕堂匆匆忙忙地把白萝卜、胡萝卜、青菜随便洗一洗，切成大块就放到锅里去煮。他没有想到青菜里居然有条小蛇，就把煮好的菜盛到碗里直接端出来给客人吃。

客人一点儿也没发觉。当法事结束，客人回去后，风外把奕堂叫去，风外用筷子把碗中的东西挑起来问他：

"这是什么？"奕堂仔细一看，原来是蛇头。他心想这下完了，不过还是若无其事地回答："那是个胡萝卜的蒂头。"奕堂说完就把蛇头拿过来，咕噜一声吞下去了。风外对此佩服不已。

智者即是如此，犯了错误，他不会一味地自责、内疚或寻找借口，而是采取适度的方式正确地对待。

张爱玲在她的小说《红玫瑰与白玫瑰》中写了男主角佟振保的爱恋，同时也一针见血地道破了男人的心理以及完美之梦的破灭：白玫瑰有如圣洁的恋人，红玫瑰则是热烈的情人。娶了白玫瑰，久而久之，变成了胸口的一粒白米饭，而红玫瑰则有如胸口的痦痣；娶了红玫瑰，年复一年，则变成蚊帐上的一抹蚊子血，而白玫瑰则仿佛是床前明月光。

事实上，世界上根本就没有真正的"最大、最美"，人们要学会不对自己、他人苛求完美，对自己宽容一些，否则会浪费掉许许多多的时间和精力，最终只能在光阴蹉跎中悔恨。

世界并不完美，人生当有不足。对于每个人来讲，不完美的生活是客观存在的，无须怨天尤人。不要再继续偏执了，给自己的心留一条退路，不要因为不完美而恨自己，不要因为自己的一时之错而埋怨自己。看看身边的朋友，他们没有一个是十全十美的。

完美往往只会成为人生的负担，人绷紧了完美的弦，它却可能发不出优美的声音来。那些爱自己、宽容自己的人，才是生活的智者。

绝对的光明如同完全的黑暗

人人都热爱光明，但绝对的光明是不存在的。如果真出现了绝对的光明，那也就无所谓光明与黑暗了，人们将如同在绝对的黑暗中一样。因此，万事都有缺陷，没有一个是圆满的。人世间做人做事之难，也在于任何事都很少有真正的圆满。但正是有这种不完满的存在，我们才有了丰富多彩的人生。

我们可以这样说，人生的剧本不可能完美，但是可以完整。当你感到了缺憾，你就体验到了人生五味，你便拥有了完整人生——从缺憾中领略完美的人生。

人生在世，起初谁都希望圆满：读书能上自己理想的学校，念自己喜欢的专业，做自己擅长的工作，娶（嫁）自己中意的人……然而，我们绝大多数人经历的也许是这样的生活：上了一个还不错的学校，学了一个不算讨厌的专业，干了一份糊口的工作，和一位还说得过去的人相伴一生。与原来的设定难免会有巨大的悬殊，无论是王侯将相还是凡夫俗子，所有人的人生都会有遗憾，都不会圆满。完美永远只存在于我们的想象中，它是我们的愿望，但却不可实现。

有时候，一时的丰功伟绩，从历史的角度看，却恰恰相反。乾陵有一块"无字碑"，也称丰碑，是为女皇武则天立的一块巨大的无字石碑。据说，"无字碑"是按武则天本人的临终遗言而立的，其意无非是功过是非由后人评说。武则天辉煌一时，临终前在经历了被逼退位之后，便预见到她身后将面临的无休止的荣辱毁誉的风风雨雨。所以做人做事，不管成功也好，失败也好，做到没有后患的，只有最高智慧的人才能够做到，普通人不容易做到，这就是人生在世的最高处。

世上难有真正的圆满，不妨换个角度来看一时的缺陷与失落。台湾作家刘墉先生写过这样一则故事：

他有一个朋友，单身半辈子，快50岁了，突然结了婚，新娘跟他的年龄差不多，徐娘半老，风韵犹存。只是知道的朋友都窃窃私语："那女人以前是个演员，嫁了两任丈夫都离了婚，现在不红了，由他拾了个剩货。"话不知道是不是传到了他朋友耳里！

有一天，朋友跟刘墉出去，朋友一边开车，一边笑道："我这个人，年轻的时候就盼着开奔驰车，没钱买不起，现在呀！还是买不起，只好买辆二手车。"他开的确实是辆老车，刘墉左右看着说："二手？看来很好哇！马力也足。"

"是啊！"朋友大笑了起来，"旧车有什么不好？就好像我太太，前面嫁了个四川人，后来又嫁了个上海人，还在演艺圈二十多年，大大小小的场面见多了，现在，老了，收了心，没了以前的娇气、浮华气，却做得一手四川菜、上海菜，又懂得布置家。讲句实在话，她真正最完美的时候，反而都被我遇上了。"

"你说得真有理，"刘墉说，"别人不说，我真看不出来，她竟然是当年的那位艳星。""是啊！"他拍着方向盘，"其实想想自己，我又完美吗？我还不是千疮百孔，有过许多往事、许多荒唐？正因为我们都走过了这些，所以两个人都成熟，都知道让，都知道忍，这种'不完美'正是一种'完美'啊！……"

"不完美"正是一种"完美"！

我们每一个人的生命都被上苍划了一个缺口，虽然你不想要这个缺口，但是这个缺口却如影随形地跟着你。人生就像是一个残缺不全的圆，没有一个人的生活是圆满的，也许正是因为认识到了每个生命都有欠缺，所以我们的人生才因此而更加美丽。正如美神维纳斯的断臂，她的存在和闻名世界不能不说是一个意外。创作者最初的意图显然是要塑造一个完美的塑像，哪个雕塑家会去追求一件残缺的艺术品来证明自己？然而，维纳斯的断臂则恰恰证明了残缺的美才是真正的完美。

人生如远行，走哪一条路都意味着放弃另一条路。不同的人生道路留下不同的缺憾，诸葛亮有诸葛亮的缺憾，贾宝玉有贾宝玉的缺憾。犹如夜幕里蕴藏着光明，缺憾之中不仅埋藏着逝去的青春和曾经的梦想，缺憾的背后还隐伏着许多生命的契机。

缺憾人生，使人类有了理想。人生有缺憾，我们才有追求完美的理想和热情，也只有接受人生的缺憾性，我们才能真正理解和追求完美人生。

每个人在人生的旅途中，都会经历许多不尽如人意之事。偶然的失落与命运的错失本来是具有悲剧色彩的，但是因为命运之手的指点，结局反而会更加圆满。如果懂得了圆满的相对性，对生命的波折、对情爱的变迁，也就能云淡风轻，处之泰然了。

人活一世，每个人都在争取一个完满的人生。然而，自古及今，海内海外，一个百分之百完满的人生是没有的，其实，不完满才是人生。正如西方谚语所说："你要永远快乐，只有向痛苦里去找。"你要想完美，也只有向缺憾中去寻找。所以得失荣辱我们大可不必放在心上，有了痛苦我们才会珍惜快乐的时光，有了不算完满的人生才称得上完美。

人生原来就是不圆满的，能够认识到这一点，我们便不会去苛求我们的人生，也不会去苛求他人。只有一个懂得接受的人才会更懂得去珍惜。

没有"完人"

莎士比亚说:"聪明的人永远不会坐在那里为他们的损失而悲伤,却会很高兴地去找出办法来弥补他们的创伤。"

如果你做了还感到不好,改了还感到不快,考了99分还嫌不是100分,刻意追求完美,这样定会"累",这种情况必须要改善。

请瞧瞧你手中的"红富士",它们并不处处圆润,却甘甜润喉,再近一点儿看看牡丹,它上面也可能有一两个虫眼,却贵气十足,令百花折服。花无完美,果无完美,何况人生!

思想成熟的人不会强迫自己做"完人",他们允许自己犯错误,并且能采取适度的方式正确地对待自己的错误。

在这个世界上,谁都难免犯错误,即使是四条腿的大象,也有摔跤的时候。"人要不犯错误,除非他什么事也不做,而这恰好是他最基本的错误。"

反省是一种美德。不反省不会知道自己的缺点和过失,不悔悟就无从改进。

但是,这种因悔悟而责备自己的行为应该适可而止。在你已经知错、决定下次不再犯的时候,就是停止后悔的最好的时候,然后,你就应该摆脱这悔恨的纠缠,使自己有心情去做别的事。如果悔恨的心情一直无法摆脱,而你一直苛责自己,懊恼不止,那就是一种病态,或可能形成一种病态了。

你不能让病态的心情持续。你必须了解它是病态,一旦精神遭受太多折磨，有发生异状的可能，那就严重了。

所以，当你知道悔恨与自责过分的时候，要相信自己能够控制自己，告诉自己"赶快停止对自己的苛责，因为这是一种病态"。为避免病态具体化而加深，要尽量使自己摆脱它的困扰。这种自我控制的力量是否能够发挥，决定一个人的精神是否健全。

人人都可能做错事，做了错事而不知悔改，那是不对的；知道悔改，即为好人。所谓放下屠刀，立地成佛，过去的既已无可挽回，那么只有以后坚决行善才可以补偿。每个人都有缺点，这就是为什么我们要受教育。教育使我们有能力认识自己的缺点并加以改正，这就是进步。但在知道随时发现自己的缺点并随时改正之外，更要注意建立自己的自信，尊重自己的自尊。

有人一旦犯了错误，就觉得自己样样不如人，由自责产生自卑，由于自卑而更容易受到打击。经不起小小的过失，受到了外界一点点轻侮或为任何一件小事，都会痛苦不已。

一个人缺少了自信，就容易对周围环境产生怀疑与戒备，所谓"天下本无事，庸人自扰之"。

面对这种"无事自扰"的心境，最好的方法是努力进修，勤于做事，使自己因有进步而增加自信，因工作有成绩而增加对前途的希望，不再向后做无益的回顾。

进德与修业，都能建立一个人的自信心和荣誉感。对自己偶尔的小错误、小疏忽，不要过分苛责。

自尊心人人都有，但没有自信做基础，就会使人变为偏激狂

傲或神经过敏，以致对环境产生敌视与不合作的态度。要满足自尊心，只有多充实自己，使自己减少"不如人"的可能性，而增加对自己的信心。

做好人的愿望当然值得鼓励，但不必"好"到一切迁就别人，凡事委屈自己，更不能希望自己好到没有一丝缺点，而且发现缺点就拼命"修理"自己。一个健全的好人应该是该做就做，想说就说，一切要求合情合理之外，如果自己偶有过失，也能潇洒地承认："这次错了，下次改过就是。"不必把一个污点放大为全身的不是。

微笑着走向生活

汪国真有诗云："我微笑着走向生活/无论生活以什么方式回敬我/报我以平坦吗/我是一条欢快奔流的小河/报我以崎岖吗/我是一座大山挺峻巍峨……"谁能说人生没有遗憾、没有失落，失落之中只伴随着忧郁，阳光照不到你的生活；只有微笑着走向生活，才发现原来沿途开满了花朵。

经历了归途的风雨坎坷，蓦然回首，才发现来时的路却是怎样美丽的一种风景。

没有人能够完全把握前路的东西，但却也没有理由不微笑走向生活……

古语云："甘瓜苦蒂，物不全美。"从理念上讲，人们大都承认"金无足赤，人无完人"。正如世界上没有十全十美的东西一样，也不存在什么精灵通神的完人。但在认识自我、看待别人这一具体问题上，许多人仍然习惯于追求完美，求全责备，对自己要求样样都行，对别人也往往是全面衡量。

任何人总是有优点和缺点两个方面。俗话说"寸有所长，尺有所短""十个手指不一般齐"。长处再多的人，也不免有所短；缺点再多的人，也必定有所长。

美国大发明家爱迪生，有一千多项发明，被誉为"发明大王"。但他在晚年，却固执地反对交流输电，一味地主张直流输电；电影艺术大师卓别林创造了深刻而生活的喜剧艺术形象，但他却极力反对有声电影；创立了《相对论》的20世纪最伟大的科学家爱因斯坦，他的智慧带来了科学思想的革命，却不能处理好自己的家庭关系……奥地利圆舞曲之王约翰·施特劳斯逝世100周年之际，一本新出版的传记以几百封从未曝光的书信为依据指出，这位创作了《蓝色多瑙河》等许多著名圆舞曲的施特劳斯，其实动作笨拙，不会跳舞。他还害怕阳光，非常胆小，也害怕黑暗，不敢独处，没有半点儿幽默感。真正的施特劳斯与众人想象中的活泼形象完全不同。

这些事实说明，大师、著名人物也都不是完人、超人，也不可能十全十美。他们的缺点和失误比之于他们给予人类的贡献，当然是次要的。通过这些事实，我们应当明白，人无完人，人生必有缺憾，才是真实的、正常的。

所以，当缺憾也成为一种美的时候，面对生活中仅有的一些不顺利，你除了恬淡接受，泰然处之，还有什么其他的选择吗？

战胜缺点就是完善自我

人没有完美的，总会有这样或那样的缺点。缺点是否成为成功路上的障碍，关键是要看成就什么样的事业。想成为万人瞩目的政治领袖吗？那就需要具有富兰克林那样的勇气，检视自己的缺点，并与之进行坚持不懈的斗争，直到胜利为止。

克劳兹是美国某企业总裁，他奋斗了8年，让企业的资产由200万美元发展到5000万美元。2005年他去华盛顿领取了本年度国家蓝色企业奖章。这是美国商会为奖励那些战胜逆境的中小企业而颁发的，那年只颁发了6枚奖章。

克劳兹可以算是一个成功的企业家了，可他的心中却有一个难言之隐，他将它深深藏在心里已经很多年了。白天克劳兹应接不暇地处理对外事务，好像是忙得没有时间去阅读邮件和文件。很多文件由公司的管理人员白天就处理好了，白天遗留下来的文件，到了晚上，由他的妻子莱丝帮助他处理，他的下属对他无法阅读这件事一直一无所知。

克劳兹的痛苦起源于童年。当时他在内华达的一个小矿区里上小学。"老师叫我笨蛋，因为我阅读困难。"他说。他是整个学校里最安静的小孩，他总是默默地坐在教室的最后一排。他天生有阅读障碍，老师又责骂他，这使得他在学校的学习变得更艰难了。1963年，他从高中勉强毕业，当时他的成绩主要是C、D和F（A是最高等级）。

高中毕业后，克劳兹搬到了雷诺市，用200美元的本金开了一家小机械商店。经过不懈的努力，1997年他已经成功开了5个分店，资产超过了200万美元。今天他的企业已经成为所在行业的佼佼者，公司每年至少有1500万美元的利润。

克劳兹害怕受到那些大多是大学毕业的首席执行官们的嘲笑和轻视。但是，他没想到他得到的是更多的支持和鼓励。"这使我更加佩服他获得的成功，这加深了我对他的敬意。"约斯特说。另外，当克劳兹告诉他的雇员他不会阅读的时候，也赢得了雇员们的尊重。克劳兹说："自从我下决心让每个人都知道这件事以来，我心里轻松了许多。"

从那以后，克劳兹聘请了一名家庭教师为他做阅读辅导。克劳兹最近正在读一本管理方面的书。他在所有他不认识的单词下面画线，然后去查字典。他希望有一天他能像他妻子那样可以迅速地读完办公桌上所有的文件和信函。更重要的是，他希望他的故事能鼓励其他正在学习阅读的人。

"有缺点没有什么可羞愧的，然而，如果明知自己有缺点却不做任何改进，那就变成一种耻辱了。"自己不去正视缺点，它将永远是缺点，克服它、战胜它的过程也是完善自我的过程。

朋友如音乐，也有觉得刺耳的时候

驰名于世的《包法利夫人》的作者是19世纪法国批判现实主义作家福楼拜，他的家当时坐落在摩里略镇，是同时代法国作家龚古尔、都德、莫泊桑、梅里美等利用星期日经常聚会、讨论的地方。

后来，福楼拜家的客厅里又多了一个新面孔，他就是被称为"小说家中的小说家"的屠格涅夫，他的小说语言纯净优美，结构简洁严密。作品充满诗意的氛围和淡淡的哀愁，给人以无尽回味。《最后一课》的作者都德见到了侨居法国的屠格涅夫后，向他倾诉了自己对他的才华、人品的无限仰慕及对《猎人笔记》的高度赞赏。

自此，俩人结下了深厚的友谊，屠格涅夫甚至成了都德家里的常客。然而，屠格涅夫并不因为他们之间的友谊而改变他对都德著作的评价。在他看来，都德是他们圈子里"最低能的一个"，但他只把这个看法作为内心的一个秘密写进心爱的日记里。

1833年，屠格涅夫因脊髓癌病逝了。当都德无意间发现了这个秘密时，感到万分意外，就像迎头挨了一记闷棍似的，他感慨地说："我始终记得他在我的家里，在我的餐桌上，怎样温柔热情地吻着我的孩子们的事，我还收藏着他写给我的无数亲切可爱的信件。但在他的那种和蔼的微笑下却隐藏着这样的意念。天哪！人生是怎样的奇怪，希腊人的所谓'冷酷'两字是多么的真实！"

这种友情的幻灭当然使都德很伤心，但在屠格涅夫方面，却并无他的不是处。因为他将友情和作品分离了，他对都德，甚至

对他的孩子有友情，但是不满意他的作品，所以才在背后说出那样的话，如果不是为了友谊，屠格涅夫也许当面就向都德说了。这样一来，都德早就和屠格涅夫绝交，也不至于有死后这样的幻灭了。

能力和才华不是选择朋友的最高标准，只要投缘，只要够朋友，这些就显得不重要了。人无完人，再好的朋友也不可能让你处处满意。那就让你的不满成为内心的秘密吧，因为朋友知道后，也许会离开你，那样会使你更加痛苦。

在参加《新青年》的编辑工作时，鲁迅认识了刘半农，并和他成了好朋友。对刘半农的为人，鲁迅极为赞赏，认为他勇敢、活泼、对人真诚，用不着提防。但同时，鲁迅也发觉他有些"浅"。将刘半农与陈独秀、胡适进行比较后，鲁迅说，刘半农虽浅，却如一条清溪；如果是烂泥的深渊呢，那就更不如浅一点儿的好。不料，如此热情洋溢的评论却伤害了刘半农，因为他有自卑情结。对刘半农的这种心理，鲁迅表现出了明显的憎恶。但他说："这憎恶是朋友的憎恶。"

对友人，开口之前，我们要三思，但一言既出，就坦然面对吧。从另一方面来说，这也是对彼此交情的一种检验，连几句话都承受不了的交情，毕竟是脆弱的。

所以，朋友也不是十全十美的，所有的朋友也都不是你想象的那个样子，既然是朋友就得包容他，理解人与人之间的不同，不要对朋友要求太高。

被批评不是什么坏事

乔治在纽约郊外著名的卡瑞月湖度假村工作。

一个周末，乔治正忙碌不堪时，服务生端着一个盘子走进厨房对他说，有位客人点了这道"油炸马铃薯"，他抱怨切得太厚。

乔治看了一下盘子，跟以往的油炸马铃薯并没有什么不同，但他却按客人的要求将马铃薯切薄些，重做了一份请服务生送去。

几分钟后，服务生端着盘子气呼呼走回厨房，对乔治说："我想那位挑剔的客人一定是生意上遭遇困难，然后将气借着马铃薯发泄在我身上，他对我发了顿牢骚，还是嫌切得太厚。"

乔治在忙碌的厨房中也很生气，从没见过这样的客人！但他还是忍住气，静下心来，耐着性子将马铃薯切成更薄的片状，之后放入油锅中炸成诱人的金黄色，捞起放入盘子后，又在上面撒了些盐，然后第三次请服务生送过去。

不一会儿，服务生又端着盘子走进厨房，但这回盘子里空无一物。服务生对乔治说："客人满意极了。餐厅的其他客人也都赞不绝口，他们要再来几份。"

这道薄薄的油炸马铃薯从此成了乔治的招牌菜，并发展成各种口味，今天已经是地球上不分地域、人种都喜爱的休闲食品。

乔治的成功，关键在于他在面对批评的时候，不是满腹牢骚，抱怨别人，而是能忍住怨气做好自己的工作，让顾客满意。一次一次地改进，不仅满足了顾客，同时也成就了乔治的事业。

成功的人，所具备的素质就是当有人对自己不满意时，不是去抱怨别人，而是积极努力地完善自己。

玫瑰有刺

完美永远是可望而不可即的。当我们不再注意自己是否完美时，或许有一天我们会惊喜地发现往日渴求的完美，今天已经具备。

奥利弗·万德尔·劳尔姆斯认为罗斯福"智力一般，但极具人格魅力"。罗斯福之所以能当上美国总统，带领美国走出经济萧条，在第二次世界大战中成为真正的赢家，与他积极乐观的性格有着极大的关系。

罗斯福其貌不扬，在智力上也没有过人之处，因此他小时候是个怯懦的孩子。当他在课堂上被叫起来背诵时，总是一副大难临头的样子，呼吸急促，嘴唇颤抖，声音含混不清，听到老师让他坐下，简直如获大赦。通常，像他这种先天禀赋较差的孩子大多是敏感多疑、落落寡合的。但罗斯福却不甘做一个生活的失败者，他没有因为同学的嘲笑而失去勇气，当他在公众面前双唇发抖时，他总是暗中激励自己，咬紧牙关，尽力克服这一毛病。

罗斯福无疑是一个了解自己、敢于面对现实的人，他坦然承认自己的种种缺陷，承认自己不勇敢、不好看，也不比别人聪明，但他并不因此而消沉、自卑，凡是他意识到的缺点他都尽力克服，用行动证明先天的缺陷并不能阻碍他走向成功。他深知作为一个总统，在公众心目中的形象有多么重要，他学会了在说话时改变口型来修饰自己的龅牙。

罗斯福用他的勇敢与才华征服了世界，从此历史上多了一位自信而从容的伟人，少了一个自卑、颓丧的少年。

生活里许多人有缺陷，来自身体或外貌，但只要你把"缺陷、不足"这块堵在心口上的石头放下来，充分发挥自己的长处，照样可以赢得精彩人生。正如清朝诗人顾嗣协说："骏马能历险，犁田不如牛；坚车能载重，渡河不如舟。舍长以取短，智者难为谋；生财贵适用，慎勿多苛求。"

不要总把自己与别人比较，更不要拿自己的弱势和别人的强势比较，这样会愈看自己愈不值钱。不完美并不可怕，可怕的是那些失落感、无助感、挫败感，甚至一时丧失对生活的信心。

过度挑剔不如充实自己

他是一位咖啡爱好者，立志将来要开一家咖啡馆。闲暇时间，他到处喝咖啡，除了品尝不同的咖啡之外，也看看咖啡馆的装潢。

有一次，他约一位朋友喝咖啡。带着朝圣的心情，朋友跟他

去了一趟咖啡馆。很不巧，他对那家咖啡馆似乎没有什么好感。朋友问他："怎么样，这家店的咖啡口味还不错吧？"他淡淡地说："没什么！"朋友继续问："店面的装潢呢？"他还是回答："没什么！"以后的日子里，朋友陆续跟他到过不同的咖啡馆，品尝不同口味的咖啡，"没什么！"仿佛是他的口头禅，对所有去过的咖啡馆，他的评价都是"没什么"，而且带着点儿不屑的语气。朋友心想：大概是他的品位太高了，这些咖啡馆提供的饮料及气氛果真都不如他的心意。

另外，有一位对西点蛋糕有兴趣的女孩。从前，她也常说："没什么！"她不但爱吃西点蛋糕，还利用空闲时间拜师学艺，到专业的老师那儿上课，学做西点蛋糕。刚开始学习的那段日子，她还是不改本性，不论到哪里，吃到什么西点蛋糕，都会给对方"五星级"的评价："没什么！"标准之严苛，让大家觉得她挑剔得过火。过了半年，当她从"西点蛋糕初学班"结业之后，态度有了180度大转变，无论在哪里，品尝过谁做的西点蛋糕，她都很认真地研究里面的配方，用什么材料、多少比例、烘焙的步骤。如果做西点蛋糕的师傅在场，她还会很好奇地向对方讨教、研究成功的关键技巧。朋友笑着对她说："你变了。从前是说，'没什么！'现在是问，'有什么？'""没错，没错，其实每一件事情一定都'有什么'，差别只在于你有没有观察到它'有什么'而已。"

挑剔是人们的普遍心理，人们总感到这也不好，那也不如意，却又没有比别人更好的办法来改进。如果放下对别人严苛的审视目光，改为通过各种途径来充实自己，做一个从"没什么"到"有什么"的转变，你会从别人身上发现更多值得称道的东西。

沙子与珍珠的最大区别就是沙子落下便无法再被拾起，而珍珠无论在哪里都是明亮耀眼的，沙子与珍珠，要做哪一个，全在于你自己。

有一个自以为是的年轻人毕业以后一直找不到理想的工作，他觉得自己怀才不遇，对社会感到非常失望。痛苦绝望之下，他来到大海边，打算就此结束自己的生命。这时，正好有一个老人从这里走过。老人问他为什么要走绝路，他说自己不能得到社会的承认，没有人欣赏并且重用他。老人从脚下的沙滩上捡起一粒沙子，让年轻人看了看，然后就随便地扔在地上，对年轻人说："请你把我刚才扔在地上的那粒沙子捡起来。""这根本不可能！"年轻人说。老人没有说话，接着又从自己的口袋里掏出一颗晶莹剔透的珍珠，也是随便扔在了地上，然后对年轻人说："你能不能把这个珍珠捡起来呢？""当然可以！"听到年轻人的回答，老人点点头，转身走了。因为他相信这个年轻人虽然拾不起那粒沙子，但会收起自杀的念头。

在困难面前，人们很少检讨自己的行为，而是总在抱怨"千里马常有，而伯乐不常有"，总会认为自己是有才而无用武之地，却很少问一问自己，自己是一颗沙子还是一颗珍珠。沙子总会被淹没，而珍珠无论在哪里都会光彩耀人。有的时候，你必须知道你自己是一颗普通的沙粒，而不是价值连城的珍珠，若要使自己卓越出众，那你就要努力使自己成为一颗珍珠。

别为打翻的牛奶哭泣

人生一世，草木一秋。谁都想让此生了无遗憾，谁都想让自己所做的每一件事都永远正确，从而达到自己预期的目的。可这只能是一种美好的幻想。人不可能不做错事，不可能不走弯路。做了错事走了弯路之后，有后悔情绪是很正常的，这是一种自我反省，正因为有了这种"积极的后悔"，我们才会在以后的人生之路上走得更好、更稳。

但是，如果你纠缠住后悔不放，或羞愧万分，一蹶不振；或自惭形秽，自暴自弃，那么你的这种做法就是庸人自扰了。昨日的阳光再美，也移不到今日的画册。我们为什么不好好把握现在，珍惜此时此刻的拥有呢？

1871年春天，一个年轻人拿起了一本书，看到了一句对他前途有莫大影响的话。他是蒙特瑞综合医科的一名学生，平日对生活充满了忧虑，担心通不过期末考试，担心该做些什么事情，怎样才能生活。

这位年轻的医科学生所看见的那一句话，使他成为当代最有名的医学家，他创建了世界知名的约翰·霍普金斯学院，成为牛津大学医学院的教授——这是学医的人所能得到的最高荣誉。他还被英国女王册封为爵士，他的名字叫作威廉·奥斯勒爵士。

下面就是他所看到的——托马斯·卡莱里所写的一句话，帮他度过了无忧无虑的一生："最重要的就是不要去看远方模糊的事，而要做手边清楚的事。"

40年后，威廉·奥斯勒爵士在耶鲁大学发表了演讲，他对学生们说，人们传言说他拥有"特殊的头脑"，但其实不然，他周围的一些好朋友都知道，他的脑筋其实是"最普通不过了"。

那么他成功的秘诀是什么呢？他认为这无非是因为他活在所谓"一个完全独立

第六章 生命如茶，慢慢地等，细细地品

的今天里"。在他到耶鲁演讲的前一个月，他曾乘坐着一艘很大的海轮横渡大西洋，一天，他看见船长站在船舱里，揿下一个按钮，发出一阵机械运转的声音，船的几个部分就立刻彼此隔绝开来——隔成几个完全防水的隔舱。

"你们每一个人，"奥斯勒爵士说，"都要比那条大海轮精美得多，所要走的航程也要远得多，我要奉劝各位的是，你们也要学船长的样子控制一切，活在一个完全独立的今天，这才是航程中确保安全的最好方法。你有的是今天，断开过去，把已经过去的埋葬掉。断开那些会把傻子引上死亡之路的昨天，把明日紧紧地关在门外。未来就在今天，没有明天这个东西。精力的浪费、精神的苦闷，都会紧紧跟着一个为未来担忧的人。养成一个好习惯，那就是生活在一个完全独立的今天里。"

奥斯勒爵士接着说道："为明日准备最好的办法，就是要集中你所有的智慧、所有的热忱，把今天的工作做得尽善尽美，这就是你能应付未来的唯一方法。"

奥斯勒爵士的话值得我们每个人珍视。其实，人生的一切成就都是由你"今天"的成就累积起来的，老想着昨天和明天，你的"今天"就永远没有成果。珍惜今天吧，只有珍惜今天，你才能有好的未来！

昨天是一张作废的支票，明天是一张期票，而今天是你唯一拥有的现金，只有好好把握今天，明天才会更美好，更光明。过去的已经过去，不要为打翻的牛奶而哭泣！

生活不可能重复过去的岁月，光阴如箭，来不及后悔。从过去的错误中吸取教训，在以后的生活中不要重蹈覆辙，要知道"往者不可谏，来者犹可追"。

"明日复明日，明日何其多"，把握人生就要从当下开始，而不是总想着今后怎么样。把奋发寄托在明天是懦夫的表现，是消极思想的典型体现。我们要想积极生活，就应该把握现在，把握今天。

包容不完美，才有完美的心境

真正幸福的人生，难以圆满。"喜欢月圆的明亮，就要接受它有黑暗与不圆满的时候；喜欢水果的甜美，也要容许它通过苦涩成长的过程"，人生总是"一半一半"，在人生的乐、成、得、生中，包容不完美，才是真正完整的幸福。

"岂无平生志，拘牵不自由。一朝归渭上，泛如不系舟。"白居易曾在《适意》中这样表达过自己对自由生命的向往之情。自古以来，失意的文人墨客常常寄情于山水之间，希望能在游玩嬉戏的清逸洒脱中陶冶性情，驱除烦恼。闲来寄情山水，春鸟林间，秋蝉叶底，淙淙流水过竹林；四山如屏，烟霞无重数，荒径飞花桥自横。这般景象之中，也有叶的坠落、花的凋零，但置身其中却能拥有完美的心境。

很多人都执着于追求完美的人生，凡事要求完美固然很好，以示精益求精，更上一层楼，但有的人因小小的缺陷而全盘否定人生的意义，有的人因为小小的遗憾而将手中的幸福全部放弃，这样追求完美，有时反而因噎废食，流于吹毛求疵，不管于自己还是于他人，都是一种不必要的辛苦。

人生，永远都是缺憾的。佛学里把这个世界叫作"婆婆世界"，翻译过来便是能容忍许多缺陷的世界。这个世界本来就是有缺憾的，如果没有缺憾就不能称其为"人世间"。在这个缺憾的世间，便有了缺憾的人生。因此苏东坡词曰："人有悲欢离合，月有阴晴圆缺，此事古难全……"这是人生的实相所在。

人生实相，就如一只飘摇的生命之舟，无所牵系，却有各种承载。小船向前行进的时候，苦与乐、爱与恨、善与恶、得与失、成功与失败、聪明与愚钝……纷纷从两侧上船，它们都是生

命的必然伴侣。

如此看来，生命是有缺陷的，我们不能只接受幸福的垂青，却把不和谐的因素完全屏蔽。

面对人生缺憾，星云大师主张该留有余地，他认为尽善尽美并不是绝对好，这与清人李密庵主张所谓"半"的人生哲学一样，都在告诫世人不要过度追求圆满。日本有一派禅宗书道在挥毫泼墨时总留下几处败笔，都是意在暗示人生没有百分之百的圆满完美。更有日本东照宫的设计者因为自觉太完美，恐怕会遭天谴，故意把其中一支梁柱的雕花颠倒。

"我走过阳关大道，也走过独木小桥。路旁有深山大泽，也有平坡宜人；有杏花春雨，也有塞北秋风；有山重水复，也有柳暗花明；有迷途知返，也有绝处逢生。"这是已逝的国学大师季羡林对自己人生的总结，他坦承自己的人生并不完美，但正是这种不圆满才是真正的人生。

在每个人心里都有追求完美的冲动，当他对现实世界的残酷体会得越深时，对完美的追求就会越强烈。这种强烈的追求会使人充满理想，但追求一旦破灭，也会使人充满绝望。这个世界上没有任何一种事物是十全十美的，或多或少总有瑕疵，我们只能尽最大的努力使之更加美好，却永远不可能做到完美。所以，一个智者应该明白这个道理：凡事切勿苛求，与其追求那如镜花水月一般不可触及的完美，不如勤恳务实，才会活得更加快乐。

其实，人生也正是因为有所缺失才会有所获得，就如同一个残缺的木桶，虽然每次担水回家之后你都无法获得一整桶的水，但是某一天，当你再次从这条路上经过时，也许会发现路旁各色的小花，嗅到淡淡的花香。一天、一月、一年，从残缺的木桶中滴落的泉水浇灌了路旁的草籽花粒，它们便在这残缺的遗憾中破土而出，带给人意外的美丽惊喜。

低下高贵的头，收起虚荣的心

虚荣心是人的天性之一，街头乞丐会因为多讨得一枚硬币而向同伴炫耀；曹操与刘备煮酒论英雄，认为"唯使君与操耳！"其实不过是用刘备来做陪衬，标榜的正是他自己。

虚荣心是你前进路上的绊脚石，如果你不把它踢开，你就会被它绊倒，它不但会影响你的学业，还会影响你的事业，进而耽误你的一生。

一个名叫韦格的奥地利女孩，天生丽质，聪明过人。韦格在一所大学专修油画，她的男朋友正在为她筹备一个个人画展。当经济上遇到困难时，男朋友鼓励她去参加世界小姐选美，初赛的奖金高达5000美元。韦格去了，而且一路进军到了拉斯维加斯——她成了1987年度的世界小姐。

韦格曾一直梦想可以开个人画展，而如今她已不再需要画展。韦格曾经幻想有一个自己的家庭，和男朋友过着浪漫温馨的日子，然而她成为世界小姐以后，整天被富人包围着，理所当然地接受他们的大献殷勤，她再也不缺少浪漫与温馨了。作为世界小姐，高高站在财富与荣耀的顶端，似乎曾经的一切都不那么重要了。

韦格心安理得地享受着这一切，享受着世界小姐的荣耀带给她的琳琅满目的、意外的"财富"。

正当事业如日中天时，她却生病了，患上一种名叫克里曼特的综合征。

这种病的最大危险在于，她的双眼视力将逐渐衰退，最终将会失明，韦格因此而陷入绝望之中。

她的情绪低落到了极点，她开始诅咒上帝，不该把她的"意外收获"在"一瞬间"统统收回去，她认为是上帝妒忌她的天资聪颖，因此她更加怨恨交加。

就在韦格病重的消息传出不久，一个名叫帕迪的非洲小男孩寄给她一包土，说他们那里的人都用这种土来治病。韦格并不相信土可以治病，但还是抱着试试的态度用了，结果，她的病竟奇迹般地好了。

又是一次意外，使她欣喜若狂，她的财富又可以回到她的身边了，于是她发誓这次一定要紧紧抓住这些财富，绝不能再失去。

她后来嫁给了一个美国富翁。

在以后的日子里，韦格先后改嫁了6次，可是没有一个男人令她满意。终于在一天夜里，她明白了，自己看起来拥有一切，其实却一无所有，她这辈子没有什么价值可言，于是她选择了自杀……

如果在她发达时没有抛弃男朋友，被评为世界小姐之后依然继续她的事业，也许她会活得更加幸福。追求金钱、爱慕虚荣，让她彻底迷失了自己，陷入虚荣的泥潭里无法自拔。

人们应像老子所言："是以圣人之治也，为腹而不为目，故去彼而取此。"

所以我们每个人都应该适时低下那高贵的头颅，放弃过分追求虚荣的心，持心谦虚，坐卧随心。

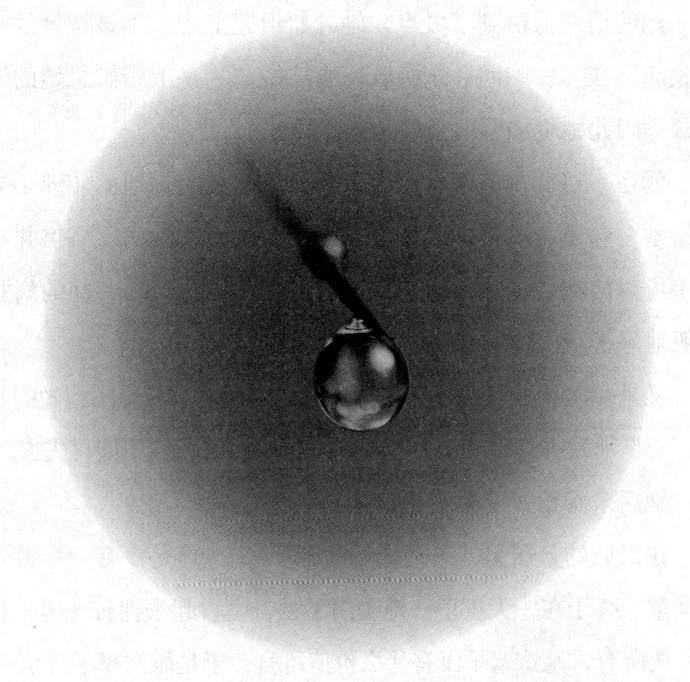

第七章

慢一点，才能发现
幸福的全部细节

和睦的秘诀

季羡林先生曾说过：互相恩爱，互相诚恳，互相理解，互相容忍，出以真情，不杂私心，家庭和睦，其乐无限。

温馨的家庭氛围并不是很容易就能得到的。季老从自己的人生经验出发，得出和谐持家的两字箴言，即真与忍。"真者，真情也。忍者，容忍也。"真是所有美德的基础，而忍则是彼此迁就的良方。

季老非常重视容忍在家庭生活中的作用。"每个人的脾气不一样，爱好不一样，习惯不一样，信念不一样，而且人是活人，喜怒无常，时有突变的情况，情绪也有不稳定的时候"，此时容忍就非常重要。"小不忍则乱家庭"，所以他提倡当出现家庭矛盾时要学会容忍，如果一方发点脾气，稍稍谦让，风暴便可平息；随后诚恳陈词，人毕竟是讲理的。忍一时不快，矛盾很可能就此解决，每个人的生活就会幸福而温馨。

下面这个故事也体现了"忍"在家庭中的重要作用。

李太太精心准备了满满一桌饭菜，那可全都是李先生爱吃的。然而，李先生早忘了今天是他们结婚五周年的纪念日，而在外迟迟不归。

终于，李太太听到了钥匙的开门声，这时愤怒的李太太真想跳起来把李先生推出去。李先生的全部兴奋点都在今晚的足球赛上，那精彩的临门一脚仿佛是他射进的一般。李太太真想在李先生眉飞色舞的脸上打一拳。

然而一个声音告诫她："别这样，亲爱的，再忍耐两分钟。"

两分钟以后的李太太，怒气消减了许多："丈夫本来就是那种粗心大意的男人，何况这场球赛又是他盼望已久的。"她安慰自己。而后起身又把饭菜重新热了一遍，并斟上两杯红葡萄酒。

兴奋依然的李先生惊喜地望着丰盛的饭桌："亲爱的，这是为什么？"

"因为今天是我们的结婚纪念日。"

惊了片刻的李先生抱住李太太："宝贝，真对不起，今晚我不该去看球。"

李太太笑了，她暗自庆幸几分钟前自己压住了火气，没有大发雷霆。

常言道："忍一忍平安无事，退一步海阔天空。"善忍则息事宁人，则家和，家和则万事兴。

忍让的出发点就是维护家庭和睦，为了大局。忍意味着善解人意、通情达理能容人。由此可见，擅于忍让是一种优秀的美德，是一种贤良的品质，是一种美好的世界观，是智慧的结晶。

百川入海，宽心制怒成大器

人怀七情，"怒"为其一。生活在纷纭繁杂的现实社会中，谁也难免会遇到人际纠纷，难免会引发怒气。但正如英国思想家培根告诫的："怒气必须在程度和时间两方面都受限制。"

就是说，一要制怒于将起，控制在微怒、愠怒程度，不让它发展为暴怒、狂怒；二要忘怒于瞬间，怒气不超过3分钟，不要耿耿于怀。我国近代爱国者林则徐，历经艰难世事，承受内外风险，却能在衙门大堂上悬挂自书横幅"制怒"，一生循此立身行事，名垂千秋，可为楷模。

怒的来源不外乎两个不满，要么对自己的事情不满，要么对他人及其事情不满。一般人都爱说"是可忍，孰不可忍"，对自己的事情发火是躁动，对别人的事情发火是冲动。喜怒无常是不成熟的表现，宠辱不惊理应为成年人的本色，但凡从愤怒开始，往往以耻辱结束。

明神宗时，曾官至户部尚书的李三才可以说是一位好官，他曾经极力主张废除天下矿税，减轻民众负担；而且他疾恶如仇，不愿与那些贪官同流合污，甚至不愿与那些人为伍，但是他在"忍"上的造诣却太差。

有一次上朝，他居然对神宗说："皇上爱财，也该让老百姓得到温饱。皇上为了私利而盘剥百姓，有害国家之本，这样做是不行的。"李三才毫不掩饰自己的愤怒，说话不客气的行为也激怒了神宗，因此他被罢了官。

后来李三才东山再起，有许多朋友都担心他的处境，于是劝他说："你疾恶如仇，恨不得把奸人铲除，也不能把喜怒挂在脸上，让人一看便知啊。和小人对抗不能只凭愤怒，你应该巧妙行事。"李三才则不以为然，反而认为那样做是可耻的，他说："我就是这样，和小人没有必要和和气气的。小人都是欺软怕硬的家伙，要让他们知道我的厉害。"可没过多久，李三才又被罢了官。

回到老家后，李三才的麻烦还是不断。朝中奸臣担心他再被重新起用，于是继续攻击他，想把他彻底打垮。御史刘光复诬陷他盗窃皇木，营建私宅，还一口咬定李三才勾结朝官，任用私人，应该严加治罪。李三才愤怒异常，不停地写奏书为自己辩护，揭露奸臣们的阴谋。

渐渐地，他对皇上也有了怨气，并且毫不掩饰自己愤怒的情绪，他对皇上说："我这个人是忠是奸，皇上应该知道的，皇上不能只听谗言。如果是这样，皇上就对我有失公平了，而得意的是奸贼。"

最后，神宗再也受不了他了，便下旨夺去了先前给他的一切封赏，并严词责问他，于是李三才彻底失败了。

愤怒是危害人类身心健康的大敌，是摧毁人们情感的炸弹，是破坏愉快心境的杀手，是人生美好乐章中的不和谐音符。高位不如高薪，高薪不如高寿，高寿不如高兴，人活着就是活一种精神、活一个心情、活一个幸福，这是最朴素的道理。忍一时风平浪静，让三分海阔天空，遇事平心静气，自觉维护心理健康才是硬道理。

所以要谨记：制"怒"是身心健康的基石，是维护人际关系的润滑剂，是工作顺达的阶梯，是事业成功的保障。

察觉自己的不足

世界上没有一个永远被毁谤的人，也没有一个永远被赞叹的人。当你话多的时候，别人要批评你；当你话少的时候，别人要批评你；当你沉默的时候，别人还是要批评你。在这个世界上，没有一个人不被批评过。

认识自己，先要承认不足，正视自己的缺点，发惭愧心，这样才能真正地认识自己并不断修正、提高自己。

认识自己先要学会纳谏，能够听进去别人的规劝。所以说，认识自己先要放下自己，放下面子、放下虚荣、放下架子，认真听取别人的意见，因为我们自己当局者迷，别人可能会旁观者清。

朋友、同事乃至路人，只要是愿意教导我们的人，都是我们的理念父母，如果听到他们的规劝或责罚，我们一定要心存感恩之心。因为现在社会上能够亲自指出我们错误的人太少了，大部分生怕一不小心适得其反得罪了我们，甚至于结愤成仇给自己带来麻烦，所以别人看到我们犯错也不愿意告诉我们，而我们如果不自知，那便失去了成长的机会。

有这样一个故事：

一位英文专业毕业的大学生认为自己的英语很流利，就寄了多份英文简历到很多外企应聘。不久他就收到了很多回信，但结果并不尽如人意，许多公司说现在不需要他这样的人才。

其中一家公司给他的回信是这样的："我们公司不缺人。然而，就算我们缺人，我们也不愿意用你这样的人，因为你很自以为是，认为自己的英文水平很高，单就从你的来信看，实际并非如此，你的文章不仅写得很差，而且还错误百出。"你可以想象这个大学毕业生在读到这封信的时候是怎样的愤怒。他想，不用就罢了，何必把话说得那么难听呢？他甚至打算写一封狠一点的回信，质问对方公司的态度。

但当他平静下来后，转念想了一想："对方可能说得对，也有可能自己犯了英文写作的错误还不知道。"后来他又写了一封信给那家公司，向对方表示谢意，感谢那家公司纠正自己的错误，还表示会努力改进自己的不足。几天以后，这个年轻的毕业生意外地收到了那家公司的信函，告诉他他被聘用了。

心浮则不安，气躁则不平，心念要是不平静安和，则意志恍惚不能专心致志，这样自省的功夫便归于无，根本用不上力，怎么能够认识自己呢。

所以，碰到愿意批评我们的人，首先心中要生起感恩之心。感谢人家愿意发自内心帮助我们改过。如果身边有一个人告诫我们，我们要知道，人家是来帮我们开智慧的，我们要立即放下自己的偏见成见，认真听取别人的意见，这叫耳聪，耳聪目才能明，世间的聪明是从打开耳朵开始的。打不开耳朵就叫"塞听"，肾开窍于耳，耳窍不通则肾气不足，人生底气就不足。肾为水，水不足，心火就旺盛，心火旺就会燥热难耐，就会经常做出让自己后悔的事情。而且，心火旺时不光会烧着自己，还会烧伤自己身边的人，乃至悖情、悖理、悖伦、悖德，破坏人际关系，恶性循环到自己身上，就会生闷气，就会更加闭目塞听、一意孤行。

急于现能的人往往不是真的有能，学的东西不是真才实学，而是许多浮华的东西，慢慢地变成纸老虎，除了在人前张扬外再无本事。这样的人生怕别人看不起自己，所以心神不宁，说话时紧张地察言观色，惶惶不可终日，每当别人批评自己，就不经思考地反唇相讥，其实这正暴露了自己的缺点。

一个真正有才华的人，是用一颗平静的心看待自己的人，能时刻察觉到自己的不足，这样的人才能通过不断的自省而趋于完善。

三思而后行

从心理学的角度来讲，"静"不只代表一种心理状态，同时也意味着人的各种本能和情感冲动的内抑制与理性的自觉，正如梁漱溟先生所说："人心特征要在其能静耳""本能活动无不伴随有其相应的感情冲动以俱来……然而一切感情冲动都足以为理智之碍。理智恒必在感情冲动摒出之下——换言之，必心气宁静——乃得尽所用。"

禅师正在打坐，这时来了一个人。他猛地推开门，又"砰"地关上门。他的心情不好，所以就踢掉鞋子走了进来。

禅师说："等一下！你先不要进来，先去请求门和鞋子的宽恕。"

那人说："你说些什么呀？我听说这些禅宗的人都是疯子，看来这话不假，我原以为那些话是谣言。你的话太荒唐了！我干吗要请求门和鞋子的宽恕啊？这真叫人难堪……"

禅师又说："你出去吧，永远不要回来！你既然能对鞋子发火，为什么不能请它们宽恕你呢？你发火的时候一点也没有想到对鞋子发火是多么愚蠢的行为。如果你能同冲动相联系，为什么不能同爱相联系呢，关系就是关系，冲动是一种关系。当你满怀怒火地关上门时，你便与门发生了关系，你的行为是错误的，是不道德的，那扇门并没有对你做什么事。你先出去，否则就不要进来。"禅师的启发像一道闪电，那人顿时领悟了。

于是，他先出去了。也许这是他一生中的第一次顿悟，他抚摸着那扇门，泪水夺眶而出，他抑制不住涌出的眼泪。当他向自己的鞋子鞠躬时，他的身心发生了巨大的变化。

禅师的话对他起到了醍醐灌顶的作用。的确，没有平和的心态，一味地冲动是无法走向成功的，只有冷静、理智的人才能与成功结缘。

人脾气的好坏与人的性格有关，而人的性格又与人的德行有关，而德行是不可能装出来的，它是要靠自己一点一滴去修养的。

脾气暴躁的人一般都是比较冲动的人，在面对很多事情的时候常仅凭借自己的感性认识去处理，这是非常不好的；如果在处

理问题的时候不那么冲动，而是能理性地看待问题，那么脾气将会好很多。俄国文学家屠格涅夫曾劝告那些易于爆发激情的人，"最好在发言之前把舌头在嘴里转上几圈"，通过时间缓冲，帮助自己的头脑冷静下来。在快要发脾气时，嘴里默念"镇静，镇静，三思，三思"之类的话。这些方法都有助于控制情绪，增强大脑的理智思维。

脾气暴躁的人会常常在说话以及为人处世中带有强烈的进攻性，这样不仅给别人的印象不好，也在别人忍耐你的同时助长了你暴躁的脾气。针对这种问题，你可以在家或在课桌上贴上"息怒""制怒"一类的警言，时刻提醒自己要冷静。也可以用一个小本子专门记载每一次发脾气的原因和经过，通过记录和回忆，在思想上进行分析梳理，定会发现有很多脾气发得毫无价值，由此会感到很羞愧，以后怒气发作的次数就会减少很多。

脾气暴躁的人通常都缺乏自控能力，自控能力其实很好锻炼。当你在做一件你觉得非常有意思的事情的时候，若停止做这件事除了会让你有不愉快的感觉以外没有任何损失的话，就强逼自己立刻停止，不去做。当发觉自己的情感激动起来时，为了避免立即爆发，可以有意识地转移话题或做点儿别的事情来分散自己的注意力，把思想感情转移到其他活动上，使紧张的情绪松弛下来。比如迅速离开现场，去干别的事情，找人谈谈心、散散步，或者干脆到操场上猛跑几圈，这样可将因盛怒激发出来的能量释放出来，心情就会平静下来。

当我们胸中的怒火爆燃的时候，如果能静下心来，我们的灵魂就不会被灼伤，也不会因一时的冲动而留下终生的悔恨……

诚己

在现实生活里，我们很容易发现，许多人在受到批评之后，不是冷静下来想想自己为什么会受批评，而是心里面很不舒服，总想找人发泄心中的怨气。其实这是一种没有接受批评、没有正确认识自己错误的一种表现。受到批评后心情不好可以理解，但批评之后产生了"踢猫效应"，这不仅于事无补，反而容易激发更大的矛盾。

每个人都喜欢听好话，谁都不愿意被别人批评。然而，当我们面对批评时，一定要正确地对待，不管自己有没有过错，一定先要诚恳地接受，有则改之，无则加勉。切不可采取错误的态度来对待批评，更不能把批评我们的人当成仇人来对待。要知道，智者只对值得批评的人提出意见，谁都不愿意冒着被别人仇视的风险去批评别人，只有真正为你好的人才会真诚地向你提出批评。

春秋战国时期，墨子与他的弟子耕柱之间发生的一件事情就很巧妙地说明了这一点。

耕柱本是一代宗师墨子的得意门生，但却总是会因为这样那样的事情挨墨子的责骂。

有一次，墨子又因为某件事情而批评了耕柱，耕柱觉得非常委屈。因为在墨子的众多门生之中，耕柱是公认的最为优秀的门生，然而他却偏偏经常会遭到墨子的批评，这让他感到很没面子，为此而郁闷不已。

这天，耕柱愤愤不平地问墨子说："老师，难道在这么多门生中，我竟是如此的差劲吗？为什么您老人家总是会时不时地就责骂我呢？"

墨子听了耕柱的话后，反问道："假如我现在要去太行山，依你之见，我应该要用良马来拉车，还是用老牛来拖车呢？"

耕柱回答说："再笨的人也知道应该用良马来拉车。"

墨子又问耕柱说："那么，为什么不用老牛呢？"

耕柱回答说："理由非常简单，因为良马足以担负重任，值得驱遣。"

怒气似乎是一种能量，如果不加控制，它会泛滥成灾；如果稍加控制，它的破坏性就会大减；如果合理控制，甚至可能有所收获。

墨子说："你答得一点也没有错。我之所以时常责骂你，也是因为你能够担负重任，值得我一再地教导与匡正啊。"

耕柱听了墨子的这番话后，立刻明白了老师对自己的良苦用心。从此以后，耕柱再也不觉得遭受到批评会没面子了，相反，他为此而更加地发愤努力，最终成为了墨子思想的继承者。

做错了事情就应该被人谴责，掩饰自己的错误，只能错上加错。当你蛮横地向别人发泄愤怒，你就应该遭到别人的谴责，这是理所当然的。这时候你绝不应该为自己开脱，而应该认真地对待别人的指责，并接受别人的批评。

一个人能接受批评，就能从善如流，少犯错误；如果善听批评，就能做到虚怀若谷，工作、学习、生活中就能少走弯路。若一听到批评的意见就生气，或者暴跳如雷、刚愎自用、固执己见，这样的人早晚要摔跟头。俗话说得好，当局者迷，旁观者清。我们应该记住，良药苦口利于病，忠言逆耳利于行。批评虽然让我们一时生气，但只要我们能冷静下来思考，就可以看到自己的不足，从而在批评中受益前进。

懂得舍弃的艺术，将拥有更多的幸福

人，大都有一种惰性，一旦熟悉了一种环境，进入了一种状态，即便有了更适宜的运行轨道，他也会犹豫再三，难以决断，类似的情况还有很多。

很多时候，我们要放弃现实的，去争取未来的；放弃熟悉的，去开拓陌生的；放弃稳妥的，去承担风险的……而面对这种种放弃，又确实需要一种胆识、一股勇气、一份远见。

放弃是一种境界，据接生的护士讲，人生下来时，两只小手攥得紧紧的，好像要把得到的一切都牢牢抓在手里，未必真需要、真有价值，可是要让人放弃又很不容易，因为人生如同登山，只有登上高高的山巍，才能领略风光的绮丽和无限，才能感受人生的美好和壮观。可是，负重是很难高攀的，只有丢掉各种负担和羁绊，才能解放精神，一身轻松地上路。此时放弃得越多，则行之越远，人生越灿烂。

懂得放弃的人，往往会更容易获得幸福。

有一个耐人寻味的故事：一个青年背着大包裹千里迢迢赶来找无际大师，问大师为什么自己付出了种种艰辛，却仍未找到所追求的阳光。而无际大师却先问他的大包裹里装的是什么，原来里面装的是青年每一次的痛苦、烦恼、哭泣……

于是，大师带他到河边，坐船过了河上岸后，让他扛着船继续赶路。青年听了很惊讶，大师微微一笑，向他说出了缘由：过河时，船是有用的，但过了河，我们就要放下船赶路，否则它会变成包袱……是啊，痛苦、烦恼、眼泪，这些对人生都是有用的，它们使生命得到升华，但须臾不忘，就成了人生的包袱。放弃吧，放弃失败带来的痛楚，放弃屈辱留下的仇恨，放弃心中难言的隐痛，这样就可以摆脱纠缠，轻装前进，去更好地追求美好。

我们收拾房子的时候，总觉得太乱、东西太多，收拾来收拾去也不满意。其实有很多东西看都不看一眼，就是舍不得扔掉。同样，我们之所以举步维艰，是因为背负太重，结果整个人像一只在黄沙中负重的骆驼，艰难地跋涉在漫长的人生之旅。于是我们发现，只有学会放弃，才能追求到一片崭新的天地。

干大事业者，他们都知道必要的放弃是为了更好地追求。柏拉图正是放弃对导师苏格拉底唯物论的信仰，才创立了自己的唯心论，从此师徒二人有如日月在哲学史上交相辉映；伽利略放弃了自己的自由，誓死捍卫自己的学说，才使牛顿得以站在"巨人"的肩膀之上；比尔·盖茨放弃自己在哈佛大学的学位，投身商海，成就了20世纪人类世界的一个神话。

所以，放弃并不是失败的代名词，它可能离幸福更近。

心中藏一片清凉

《中庸》讲："喜怒哀乐之未发谓之中，发而皆中节谓之和。"人在没有产生喜、怒、哀、乐等这些情感的时候，心中没有受到外物的侵扰，是平和自然的，这样的状态就是"中"。

平和是待人处世的一种态度，也是做人的一种美德。

在处理各类事务的时候，不可避免地要在心理上产生反应，发生各种各样的情绪变化，并且在表情、行动、语言等方面表现出来。如果表现出来的情绪恰到好处，既不过分也无不足，而且还符合当事人的身份，不违背情理、适时适度、切合场合，这样就达到了"和"的境界。

如果我们用粗暴的言语及行动去解决问题，结果会事与愿违，并且会越来越糟。

有一个富人脾气很暴躁，常常得罪人，事后又懊恼不已，所以一直想将这暴躁的坏脾气改掉。后来他决定好好修行，改变自己，于是花了许多钱，盖了一座庙，并且特地找人在庙门口写上"百忍寺"三个大字。这个人为了显示自己修行的诚心，每天都站在庙门口，一一向前来参拜的香客说明自己改过向善的心意。香客们听了他的说明，都十分钦佩他的用心良苦，也纷纷称赞他改变自己的勇气。

这一天，他一如往常站在庙门口，向香客解释他建造百忍寺的意义时，其中一位年纪大的香客因为不认识字，向这个修行者询问牌匾上到底写了些什么。修行者回答香客，牌匾上写的三个字是"百忍寺"。香客没听清楚，于是又问了一次。这次，修行者有些不耐烦地又回答了一遍。等到香客问第三次时，修行者已经按捺不住，很生气地回答："你是聋子啊，跟你说上面写的是'百忍寺'，你难道听不懂吗？"

香客听了，笑着说："你才不过说了三遍就忍受不了了，还建什么'百忍寺'呢？"修行者无语。

安禅何须山与水，灭却心头火自凉。修行何必去寺庙，生活才是修炼场。只有在生活中懂得控制自己的情绪，懂得平和地对待他人的人，才能做到百忍而不怒。

控制好情绪，绝不仅仅是修养的问题，从某种程度上说，它既决定着一个人的气质和生活品质，也关乎其为人处世的成败得失。怒气似乎是一种能量，如果不加控制，它会泛滥成灾；如果稍加控制，它的破坏性就会大减；如果合理控制，甚至可能有所

收获。

控制好情绪，做一个平和的人，其玄机在一个"静"字，"猝然临之而不惊，无故加之而不怒"，冷静做人，理智处事，身放闲处，心在静中。

平和的人，眼界极高。表面平凡，实则内聚，心中有坚石般的意志，胸中有经世济邦之策；平和的人，热情而不做作，忠诚而不虚伪。内不见己，外不见人，施恩于人是出于真诚，而不是利用别人来沽名钓誉，信奉"君子坦荡荡，小人长戚戚"，光明磊落，纯心做人。

所以，平和既是一种修养，又是一种工作方法。平和的人，从不被忙碌所萦绕，闲时吃紧、忙里悠闲，而是能宽严得宜、分寸得体、身心自在，享受生活之乐趣。

怒发冲冠，不如云淡风轻

杰克·威德伦蒂曾说过：怒火也许会烧及他人，但一般情况下，它是向内烧——烧的是发怒者个人的身心健康。

生活中，我们可能会遇到这样的人：他们一生气就喜欢摔东西，当时那个爽啊，无法用言语来表达，但是过后又非常后悔，当初为什么要摔东西啊？这是易怒者的普遍感受。

愤怒是一种有害的情绪状态，会给人带来意想不到的麻烦，因为人在愤怒时，会失去正确的判断力，使人失去理智，做出一些无法挽回的错事。长期、持续的愤怒对个体的健康也会有很大的杀伤力。

现实社会中，人难免会遇到些不顺心的事，人与人之间难免会为了一些事情发生矛盾或争执，所以，怨气和怒气就在所难免。大家知道，世间万物对人的健康危害最深的就是生气，"百病生于气矣"。而生气，又是拿别人的过错来惩罚自己的蠢行，所以，为了自己的健康也要控制愤怒。

有一个农夫，因为一件小事和邻居争论得面红耳赤，谁也不肯让谁。最后，农夫只好气呼呼地去找智者，因为他是当地最有智慧、最公道的人，他肯定能断定谁是谁非。

"智者，您来帮我评评理吧！我那邻居简直不可理喻！他竟然……"农夫怒气冲冲，一见到智者就开始了他的抱怨和指责。但当他正要大肆讲述邻居的不是时，被智者打断了。

智者说："对不起，正巧我现在有事，麻烦你先回去，明天再说吧。"

第二天一大早，农夫又愤愤不平地来了，不过，显然没有昨天那么生气了。

"今天您一定要帮我评个是非对错，那个人简直是……"他又开始数落起邻居的恶劣。

智者不快不慢地说："你的怒气还没有消退，等你心平气和后再说吧！正好我昨天的事情还没有办完。"

接下来的几天，农夫没有再来找智者。有一天智者散步时遇到了农夫，他正在地里忙碌着，心情显然平静了许多。

智者问道："现在你还需要我来评理吗？"说完，微笑地看着农夫。

农夫羞愧地笑了笑，说："我已经心平气和了！现在想来那也不是什么大事，不值得生那么大的气，只是给您添麻烦了。"

智者仍然心平气和地说："这就对了，我不急于和你说这件事情就是想给你思考的时间让你消消气啊！记住，任何时候都不要在气头上说话或做事。"

一个人也许改变不了自己易发怒的性格，但可以控制自己的行为，只要做到任何时候都不在气头上说话或做事，那么随着时间的推移，自然会心平气和、风平浪静。

发脾气伤害人与人的感情，还能够反映一个人的修养水平，并且往往是崩溃的前兆，因此，永远保持心平气和至关重要。

用坚忍创造闪光的快乐

人生最大的自由，莫过于选择成败，成功者寥若晨星，更少有人青史留名，而失败者比比皆是。据有关学者研究证明：48%的人经历一次失败，就一蹶不振了；25%的人经历两次失败就泄气了；15%的人经历3次失败也放弃了；只有12%的人经历无数次的失败后，仍不气馁，始终朝着一个方向冲刺。他们坚信，只要方向不错，方法得当，坚持不懈、锲而不舍，成功只是时间问题。人生最大的敌人是自己，战胜自己是成功者的必由之路。

李健最早涉足茶叶经营是在2001年。在这之前他经营着一家超市，由于拆迁，他只好改行和一个福建籍朋友做起了茶叶生意。那时，茶艺还处于萌芽状态，是一个新兴产业，利润空间和发展空间都比较大。

然而，李健对茶艺、茶文化一窍不通，门市开业后，面对顾客提出的有关茶的问题，他常常脸涨得通红，说不出话来，之后只得向朋友求救。看着朋友和顾客大谈茶文化，李健第一次认识到茶居然有着这样深的内涵，他喜欢上了这一行。

后来，李健和朋友的经营理念发生了分歧，生意也开始变得清淡。李健回忆，在一段时间里，他们不断地往里垫钱，根本没有回款。坚持了3个月后，李健与朋友在经营思路上的分歧越来越大，最后只好分道扬镳。于是，李健开始独自创业。

经过市场调查，他把茶叶门市地址选在了北京茶叶一条街——马连道。也许是初生牛犊不怕虎，李健当初只是想扎堆的生意好做，并没在意这一条街上对手们的来历。后来他才发现这里的人个个都是高手，不论是茶道还是销售，而且他们都来自茶叶生产厂家，对茶有着深刻的理解，唯独他是个门外汉。

李健选定地址后看中了一间60平方米的门市，年租金4万元。他交了租金请来装修工装修门市，自己则赶往茶叶生产地采购茶叶。这是他第一次采购茶叶，由于没有经验，又缺乏茶叶知识，他采购的茶叶无论在色泽上还是质量上都给日后的批发和销售带来了困难。为了不再犯同样的错误，他买来大量有关茶叶的书，仔细研读，凡是上门的客户也都提供最优惠的价格，以便发展市场。即使这样，他的门市仍是门庭冷落。

李健开始托朋友介绍茶叶销售渠道，稍有空闲就亲自背着茶叶样品去零售店推销，有时他请人给他看门市，自己背个大袋子到偏远区县去找销售点。而很多时候，他都吃了闭门羹，偶尔听到"我们有供货方，以后考虑吧"，他都激动半天。"那时我一心想着尽快发展客户，有时一天只能吃一顿饭，一个月下来整个人都快虚脱了。"

在两个月里，他跑遍了6个城市的茶叶零售店，但是没有得到任何回报。

李健的茶叶门市经历了整整14个月的萧条后才开始复苏。在这期间，他不断听到类似他这种门外汉茶业门市倒闭的消息，他

的朋友也劝他收手。李健经过激烈的思想斗争后，咬着牙告诉朋友："我已经喜欢上了这个行业，每个行业起步都会有艰难和困苦，更何况我还没有认输。"

随着对茶经的深入了解和对市场的辛勤开拓，李健的门市第13个月开始有了一点利润，就在2003年春节前的一个月，他的门市赚回了之前的所有投资，还略有盈余。2004年，李健的茶叶门市纯利润达20多万元。

事实证明：只要有恒心，铁棒也能磨成针。看一个人，不必看他辉煌耀眼、春风得意之时，而应看他身处逆境时是怎样艰难跋涉的。执着是人类的一种美德，任何天赋、才华、强势都不能代替。不积跬步，无以至千里；不积小流，无以成江海。千里之行始于足下，做任何事情都必须有恒心。

平衡情绪，走出物欲的迷宫

情绪是一种强烈的感觉状况，如激动、苦恼、兴奋、悲伤、喜爱、讨厌、害怕和生气等。人们的情绪非常复杂，它们导致身体的化学过程发生变化，而这种变化又进而影响人们的某些情绪。

除了生理性的因素外，还有什么别的因素能决定我们的情绪平衡呢？其中最主要的是我们后天养成的对生活的态度，也就是我们对自己生活环境的反应。

人在盛怒时的所作所为大多都经不起理智的推敲，很多时候都脱离了自己的本意。因为当人们陷入一种情绪的旋涡时，就很难理智地做事了。而一个人若做不了自己情绪的主人，单凭好恶或感觉去判断外界的人和事，则很容易陷入盲目乐观、焦躁、恼怒或郁闷中，那么等待他们的终将是一事无成。

小冬的经历很明显地体现了情绪的不平衡为我们的生活造成的烦恼。

小冬说当她和丈夫发生矛盾后，多数是花钱消气。和朋友说，又觉得大家都有压力，不愿把自己的不快带给朋友；和父母说，又不愿让他们担心；和丈夫讲，急性子的她和慢性子的他是越讲越生气，一时半会儿根本讲不通，还会徒增更多的气。如果用家里的东西来发泄，有些是爱情纪念品舍不得，而且最后的"战场"还得自己来打扫。

说来说去也只有让自己的不满发泄到外界才能两全其美。于是，她生气时就会出去逛街，平时想吃的甜点放心地吃；平时想买的衣服放开地买；平时舍不得去玩的地方尽情地玩……总而言之，只要能让自己的情绪发泄出去，做什么都行！等到钱花得差不多了，自己的情绪也慢慢平息了。但事后，再看那些买来的东西，有时也会心疼，当时怎么就下得了狠心呢？

小冬的这种行为属于很标准的"购物狂"行为，通过满足自己的物欲来填补心灵的空虚。

许多人都想控制住自己的情绪，但情绪上来时又总是知难而

退："控制情绪实在太难了。"言下之意就是："我是无法控制情绪的。"别小看这些自我否定的话，这是一种严重的不良心理暗示，它可以毁灭你的意志，使你丧失战胜自我的信心。

其实，调整控制情绪并没有你想象的那么难，只要掌握一些正确的方法，就可以很好地驾驭自己的情绪。学会控制情绪也是一个长期的过程，在平时就要把自己的心态调整好，把保持良好的情绪当成一种习惯。

情绪要控制而不要压抑，体育锻炼能让人疏解压力。同时，我们也可以走进大自然，让大自然的魅力和纯洁来净化自己的心灵。艺术活动对人的神经系统和内分泌系统都有积极的冲击力，能够使人的精神产生无法用言语表达的欢快感。有压抑情绪的人大多不愿意把自己遇到的事情向别人述说，他们独自承担着因为打击所带来的伤害。这样的自我压抑除了使精神状态变得糟糕外，还会导致个人走向自闭和孤独。假如能够把痛苦说出来，即使别人不能给你指导，你也会感到舒服很多。

无论何时我们养成良好的生活态度获得更好的处理生活中压力的方法都为时不晚，要明白，能平衡自己情绪的只能是自己的心，依靠物质只能是暂时的治标不治本。

第⑧章

万事尽头，终将如意

不做自己的"降兵"

生活中，很多时候你越是想远离痛苦就越觉得痛苦，越是想要放弃或逃避越是逃脱不了：你没有过人的才华，不懂得为人处世的技巧，在办公室里，你要小心翼翼地做人，唯恐一时失言把别人得罪了；你没有漂亮的脸蛋、魔鬼的身材，走在人群当中，你不知道该用怎样的资本去高昂头颅，展露属于自己的那份自信……

其实，逆风的方向，更适合飞翔。"我不怕美神阻挡，只怕自己投降。"一个人无论面对怎样的环境，面对再大的困难，都不能放弃自己的信念，放弃对生活的热爱。很多时候，打败自己的不是外部环境，而是你自己。

只要一息尚存，我们就要追求、奋斗。那么，即便遭遇再大的困难，我们都一定能化解、克服，并于逆风之处扶摇直上，做到"人在低处也飞扬"。

现今，日本国民中广为传颂着一个动人的小故事：

许多年前，一个妙龄少女来到东京酒店当服务员。这是她的第一份工作，因此她很激动，暗下决心：一定要好好干！她想不到，上司安排她洗厕所！洗厕所！实话实说没人爱干，何况她从未干过粗重的活儿，细皮嫩肉，喜爱洁净，干得了吗？她陷入了困惑、苦恼之中，也哭过鼻子。这时，她面临着人生的一大抉择：是继续干下去，还是另谋职业？继续干下去——太难了！另谋职业——知难而退？人生之路岂有退堂鼓可打？她不甘心就这样败下阵来，因为她曾下过决心：人生第一步一定要走好，马虎不得！这时，同单位一位前辈及时地出现在她面前，并帮她摆脱了困惑、苦恼，帮她迈好这人生第一步，更重要的是帮她认清了人生路应该如何走。他并没有用空洞理论去说教，而是亲自做给她看。

首先，他一遍遍地抹洗着马桶，直到抹洗得光洁如新；然后，他从马桶里盛了一杯水，一饮而尽喝了下去！竟然毫不勉强。实际行动胜过千言万语，他不用一言一语就告诉了少女一个极为朴素、极为简单的真理：光洁如新，要点在于"新"，新则不脏，因为不会有人认为新马桶脏，也因为马桶中的水是不脏的，是可以喝的；反过来讲，只有马桶中的水达到可以喝的洁净程度，才算是把马桶抹洗得"光洁如新"了，而这一点已被证明可以办得到。

同时，他送给她一个含蓄的、富有深意的微笑，送给她关注的、鼓励的目光。这已经够用了，因为她早已激动得几乎不能自持，从身体到灵魂都在震颤。她目瞪口呆、热泪盈眶、恍然大悟、如梦初醒！她痛下决心："就算一生洗厕所，也要做一名洗厕所最出色的人！"

从此，她成为一个全新的、振奋的人；从此，她的工作质量也达到了那位前辈的高水平，当然她也多次喝过马桶水，为了检验自己的自信心，为了证实自己的工作质量，也为了强化自己的敬业心。

她的名字叫野田圣子——日本前邮政大臣。

野田圣子坚定不移的人生信念，表现为她强烈的敬业心："就算一生洗厕所，也要做一名洗厕所最出色的人。"这一点就是她成功的奥秘之所在；这一点使她几十年来一直奋进在成功路上；这一点使她从卑微中逐渐崛起，直至拥有了成功的人生。

缺点并不可怕，平凡也不是闪光的坟墓。人生之中，无论我们处于何种在他人看来卑微的境地，我们都不必自暴自弃，只要我们能耐得住寂寞，心中有渴望崛起的信念，只要我们能坚定不移地笑对生活，那么，我们一定能为自己开创一个辉煌美好的未来！

大收获必须付出长久努力

幸运、成功永远只能属于辛劳的人，有恒心不易变动的人，能坚持到底、绝不轻言放弃的人。

耐性与恒心是实现目标过程中不可缺少的条件，是发挥潜能的必要因素。耐性、恒心与追求结合之后，形成了百折不挠的巨大力量。

一位青年问著名的小提琴家格拉迪尼："你用了多长时间学琴？"格拉迪尼回答："20年，每天12小时。"

我们与大千世界相比，或许微不足道、不为人知，但是我们能够耐心地增长自己的学识和能力，当我们成熟的那一刻、一展所能的那一刻，将会有惊人的成就。正如布尔沃所说的："恒心与忍耐力是征服者的灵魂，它是人类反抗命运、个人反抗世界、灵魂反抗物质的最有力支持。从社会的角度看，考虑到它对种族问题和社会制度的影响，其重要性无论怎样强调也不为过。"

凡事没有耐性，耐不住寂寞，不能持之以恒，正是很多人最后失败的原因。英国诗人布朗宁写道：

实事求是的人要找一件小事做，
找到事情就去做。
空腹高心的人要找一件大事做，
没有找到则身已故。
实事求是的人做了一件又一件，
不久就做一百件。
空腹高心的人一下要做百万件，
结果一件也未实现。

拥有耐力和恒心，虽然不一定能使我们事事成功，但却绝不会令我们事事失败。古巴比伦富翁拥有恒久的财富秘诀之一，便是保持足够的耐心，坚定发财的意志，所以他才有能力建设自己的家园。任何成就都来源于持久不懈的努力，要把人生看作一场持久的马拉松。整个过程虽然很漫长、很劳累，但在挥洒汗水的时候，我们已经慢慢接近了成功的终点。半路放弃，我们就必须要找到新的起点，那样我们只会更加迷失，可是如果能坚持原路行进，终点不会弃我们而去。也许，我们每个人的心里都有一个执着的愿望，只是一不小心把它丢失在了时间的蹉跎里，让天下间最容易的事变成了最难的事。然而，天下事最难的不过十分之一，能做成的有十分之九。要想成就大事大业的人，尤其要有恒心来成就它，要以坚忍不拔的毅力、百折不挠的精神、排除纷繁复杂的耐性、坚贞不变的气质，作为涵养恒心的要素，去实现人生的目标。

不眼红别人的辉煌

别人的人生再辉煌，你也感受不到任何光和热，别人的辉煌与自己毫无关联，你所能做的就是耐住寂寞，认准自己的目标，然后一步步地向自己的目标迈进，千万不要被别人的成功晃花了眼。

在2006年之前，低调的张茵对于大众而言还是一张很陌生的面孔。一夜间，"胡润富豪榜"将这一当年中国女首富推出水面，这个颇具传奇色彩的商界女强人瞬间成为公众瞩目的焦点。

在美国《财富》杂志"2007年最有影响力商业女性50强"

中，她被称为"全球最富有的白手起家的女富豪"！张茵已成为这个时代平民女性的榜样。

玖龙造纸有限公司，当这一企业红遍大江南北时，张茵也因此赢得了"废纸大王"的美誉。这个东北姑娘当年的泼辣闯劲至今还留在亲人的脑海里。

张茵出生于东北，走出校门后，做过工厂的会计，后在深圳信托公司的一个合资企业里也做过财务工作。1985年，她曾有过当时看来绝好的机遇：分配住房，年薪50万港币……然而，张茵却只身携带3万元前往香港创业，在香港的一家贸易公司做包装纸的业务。

一直指导张茵的财富法则就是做事专注而坚定。看准商机就

下手，全心全意去做事。对于中国四大发明之一的传统行业——造纸业，张茵情有独钟，倾注了很多的心血：从香港到美国，再到香港，继而把战场转向家乡，扩大到全世界，她的足迹随着纸浆的流动遍布全球。最初入行的张茵以"品质第一"为本，坚决不往纸浆里面掺水，虽然在创业过程中被合伙人欺骗，也历经坎坷，但从未退缩的张茵凭借豪爽与公道逐渐赢得了同行的信任，废纸商贩都愿意把废纸卖给她。尽管她的粤语说得不好，但是诚信之下，沟通不是问题。

6年时间很快过去，赶上香港经济蓬勃时期的张茵不但站稳了脚跟，而且还在完成资本积累的同时，把目光投向了美国市场。因为有了在香港积累的丰富创业实践经验和一定资本，加之美国银行的支持，1990年起，张茵的中南控股（造纸原料公司）成为美国最大的造纸原料出口商，美国中南有限公司先后在美建起了7家打包厂和运输企业，其业务遍及美国、欧亚各地，在美国各行各业的出口货柜中数量排名第一。

成为美国废纸回收大王后，独具慧眼的张茵有了新的想法：做中国的废纸回收大王！1995年，玖龙纸业在广东东莞投建。12年后，玖龙纸业产能已近700万吨，成为一家市值300多亿港元的国际化上市公司……

从张茵的身上，我们看到了她的专注与坚定。无论做什么事，都全身心地投入。只要全心全意想要做好一件事，无论遇到什么困难与挫折，只要沉着应对，都可以化险为夷。

有人说，挡住人前进步伐的不是贫穷或者困苦的生活环境，而是内心对自己的怀疑。但是，如果一个人内心里始终装着自己的目标，并且能够耐得住寂寞，静下心来学着为自己的目标积累能量，坚定不移地为实现自己的目标而努力，那么即使他贫穷到买不起一本书，仍然可以通过借阅来获得知识。

人若是耐不住寂寞，老是眼红别人的成就，则不免会产生愤懑之心，看不惯别人取得的成就，要么悲叹命运之苦，要么控诉社会不公，这样一来，难免会让自己陷入负面情绪当中，而影响了自己的前程。

执着于成功，才能创造成功

心界决定一个人的世界。只有渴望成功，你才能有成功的机会。

《庄子》开篇的文章是"小大之辩"。说北方有一个大海，海中有一条叫作鲲的大鱼，宽几千里，没有人知道它有多长。鲲化为鸟叫作鹏。它的背像泰山，翅膀像天边的云，飞起来，乘风直上九万里的高空，超绝云气，背负青天，飞往南海。

蝉和斑鸠讥笑说："我们愿意飞的时候就飞，碰到松树、檀树就停在上边；有时力气不够，飞不到树上，就落在地上，何必要高飞九万里，又何必飞到那遥远的南海呢？"

那些心中有着远大理想的人常常不能为常人所理解，就像目光短浅的麻雀无法理解大鹏鸟的志向，更无法想象大鹏鸟靠什么飞往遥远的南海。因而，像大鹏鸟这样的人必定要比常人忍受更多的艰难曲折，忍受心灵上的寂寞与孤独。因而，他们必须要坚强，把这种坚强潜移到远大志向中去，这就铸成了坚强的信念。这些信念熔铸而成的理想将带给大鹏一颗伟大的心灵，而成功者正脱胎于这些伟大的心灵。

本·侯根是世界上最伟大的高尔夫选手之一。他并没有其他选手那么好的体能，能力上也有一点缺陷，但他在坚毅、决心，特别是追求成功的强烈愿望方面高人一等。

本·侯根在玩高尔夫球的巅峰时期，不幸遭遇了一场灾难。在一个有雾的早晨，他跟太太维拉丽开车行驶在公路上，当他在一个拐弯处掉头时，突然看到一辆巴士的车灯。本·侯根想这下可惨了，他本能地把身体挡在太太面前保护她。这个举动反而救了他，因为方向盘深深地嵌入了驾驶座。事后他昏迷不醒，过了好几天才脱离险境。医生们认为他的高尔夫生涯从此结束了，甚至断定他若能站起来走路就很幸运了。

但是他们并未将本·侯根的意志与需要考虑进去。他刚能

第八章 万事尽头，终将如意

站起来走几步，就渴望恢复健康再上球场。他不停地练习，并增强臂力。起初他还站得不稳，再次回到球场时，也只能在高尔夫球场蹒跚而行。后来他稍微能工作、走路，就走到高尔夫球场练习。开始只打几球，但是他每次去都比上一次多打几球。最后，当他重新参加比赛时，名次很快地上升。理由很简单，他有必赢的强烈愿望，他知道他会回到高手之列。是的，普通人跟成功者的差别就在于有无这种强烈的成功愿望。

成功学大师卡耐基曾说："欲望是开拓命运的力量，有了强烈的欲望，就容易成功。"因为成功是努力的结果，而努力又大都产生于强烈的欲望。正因为这样，强烈的创富欲望，便成了成功创富最基本的条件。如果你不想再过贫穷的日子，就要有创富的欲望，并让这种欲望时时刻刻激励你，让你向着这一目标坚持不懈地前进。许多成功者有一个共同的体会，那就是创富的欲望是创造和拥有财富的源泉。

20世纪人类的一项重大发现，就是认识到思想能够控制行动。你怎样思考，你就会怎样去行动。你要是强烈渴望致富，你就会调动自己的一切能量去创富，使自己的一切行动、情感、个性、才能与创富的欲望相吻合。对于一些与创富的欲望相冲突的东西，你会竭尽全力去克服；对于有助于创富的东西，你会竭尽全力去扶植。这样，经过长期努力，你便会成为一个富有者，使创富的愿望变成现实。相反，你要是创富的愿望不强烈，一遇到挫折，便会偃旗息鼓，将创富的愿望压抑下去，你就很难成为富有者。

保持一颗渴望成功的心，你就能获得成功。

永抱必胜之心

1883年，富有创造精神的工程师约翰·罗布林雄心勃勃地意欲着手建造一座横跨曼哈顿和布鲁克林的桥。然而桥梁专家却说这计划纯属天方夜谭不如趁早放弃。罗布林的儿子华盛顿，是一个很有前途的工程师，也确信这座大桥可以建成。父子俩克服了种种困难，在构思着建桥方案的同时也说服了银行家们投资该项目。

然而桥开工几个月，施工现场就发生了灾难性的事故。罗布林在事故中不幸身亡，华盛顿的大脑也严重受伤。许多人都以为这项工程因此会泡汤，因为只有罗布林父子才知道如何把大桥建成。

尽管华盛顿丧失了活动和说话的能力，但他的思维还同以往一样敏锐，他决心要坚持把父子俩费了很多心血的大桥建成。一天，他脑中忽然一闪，想出一种用他唯一能动的一个手指和别人交流的方式。他用那只手敲击他妻子的手臂，通过这种密码方式由妻子把他的设计意图转达给仍在建桥的工程师们。整整13年，华盛顿就这样坚持着用一根手指指挥工程，直到雄伟壮观的布鲁克林大桥最终落成。

无独有偶，博迪是法国的一名记者，在1995年的时候，他突然心脏病发作，导致四肢瘫痪，而且丧失了说话的能力。被病

THE END

魔袭击后的博迪躺在医院的病床上，头脑清醒，但是全身的器官中，只有左眼还可以活动。可是，他并没有被病魔打倒，虽然口不能言，手不能写，他还是决心要把自己在病倒前就开始构思的作品完成并出版。出版商便派了一个叫门迪宝的笔录员来做他的助手，每天工作6小时，给他的著述做笔录。

博迪只会眨眼，所以就只有通过眨动左眼与门迪宝来沟通，逐个字母逐个字母地向门迪宝背出他的腹稿，然后由门迪宝抄录出来。门迪宝每一次都要按顺序把法语的常用字母读出来，让博迪来选择，如果博迪眨一次眼，就说明字母是正确的。如果眨两次，则表示字母不对。

由于博迪是靠记忆来判断词语的，因此有时可能出现错误，有时他又要滤去记忆中多余的词语。开始时他和门迪宝并不习惯这样的沟通方式，所以中间也产生不少障碍和问题。刚开始合作时，他们俩每天用6个小时默录词语，每天只能录一页，后来慢慢加到3页。

几个月之后，他们经历艰辛终于完成这部著作。据粗略估计，为了写这本书，博迪共眨了左眼20多万次。这本不平凡的书有150页，已经出版，它的名字叫《潜水衣与蝴蝶》。

在很多时候，我们看似都缺少成功的条件。在困难面前停滞不前。似乎看不到成功的条件和未来。其实缺少成功的条件不要紧，因为条件是可以创造的。如果我们主动去创造了条件，成功就指日可待。

如果你缺少成功的条件，请记住：逆境不是你不成功的理由。

不懈追求才能羽化成蝶

成功贵在坚持，要取得成功就要坚持不懈地努力。很多人的成功，也是饱尝了许多次的失败之后得到的，我们经常说什么"失败乃成功之母"，成功诚然是对失败的奖赏，但却也是对坚持者的奖赏。

古往今来，那些成功者们不都是依靠坚持而取得成就的吗？

被鲁迅誉为"史家之绝唱，无韵之离骚"的《史记》，其作者司马迁，享誉千古的史学大师，可是他取得这么大的成就是在什么情况下呢？

汉武帝为了一时的不快阉割了堂堂的大丈夫，那是多么大的耻辱啊，而且这给他带来的身心伤害是多么的巨大！司马迁也曾想过死，对于当时的他来说，死是最容易的解脱方法了。可是他心中始终有一个梦想，他的梦想就是写一部历史的典籍，把过去的事记下来，传诸后世。为了这个梦，他坚持了下来，坚持着忍受了身体的痛苦，坚持着忍受了别人歧视的目光，坚持着在严酷的政治迫害下活着，以继续撰写《史记》，并且终于完成了这部光辉著作。

他靠的是什么？只有两个字：坚持。如果他在遭受了腐刑以后，丧失一切斗志，那么我们现在就再也看不到这本巨著，吸收不了他的思想精华。所以他的成功，他的胜利，最主要的还是靠坚持。如果真的可以有对比，他的著作所带给我们的震撼倒在其次了，他的坚持的精神所激励鼓舞我们的更多。

功到自然成。成功之前难免有失败，然而只要能克服困难，坚持不懈地努力，那么，成功就在眼前。

石头是很硬的，水是很柔软的，然而柔软的水却穿透了坚硬的石头，这其中的原因无他，唯坚持而已。我们在黑暗中摸索，有时需要很长时间才能找寻到通往光明的道路。以勇敢者的气魄，坚定而自信地对自己说，我们不能放弃，一定要坚持。也只有坚持，才能让我们冲破禁锢的蚕茧，最终化成美丽的蝴蝶。

人生总是从寂寞开始

每个想要突破目前困境的人首先都需要耐得住寂寞，只有在寂寞中才能催生一个人的成长。

曾有人在谈及寂寞降临的体验时说："寂寞来的时候，人就仿佛被抛进一个无底的黑洞，任你怎么挣扎呼号，回答你的，只有狰狞的空间。"的确，在追寻事业成功的路上，寂寞给人的精神煎熬是十分厉害的。想在事业上有所成就，自然不能像看电影、听故事那么轻松，必须得苦修苦练，必须得耐疑难、耐深奥、耐无趣、耐寂寞，而且要抵得住形形色色的诱惑。能耐得住寂寞是基本功，是最起码的心理素质。

耐得住寂寞，才能不赶时髦，不受诱惑，才不会浅尝辄止，才能集中精力潜心于所从事的工作。耐得住寂寞的人，等到事业有成时，大家自然会投来钦佩的目光，这时就不寂寞了。而有着远大志向却耐不住寂寞，成天追求热闹，终日浸泡在欢乐场中，一混到老，最后什么成绩也没有的人，那就将真正寂寞了。

其实，寂寞不是一片阴霾，寂寞也可以变成一缕阳光。只要你勇敢地接受寂寞，拥抱寂寞，以平和的爱心关爱寂寞，你会发现：寂寞并不可怕，可怕的是你对寂寞的惧怕；寂寞也不烦闷，烦闷的是你自己内心的空虚。

寂寞的人，往往是感情最为丰富、细腻的人，他们能够体验人所不能体验的生活，感悟人所不能感悟的道理，发现人所不能发现的思想，获取人所不能获取的能量，最后成就人所不能成就的事业。

唯一获得奥斯卡最佳导演奖的华人导演李安，他的经历常常被我想起，并拿出来鼓励自己。

李安去美国念电影学院时已经26岁，遭到父亲的强烈反对。父亲告诉他：纽约百老汇每年有几万人去争几个角色，电影这条路是走不通的。李安毕业后，7年，整整7年，他都没有工作，在家做饭带小孩。

有一段时间，他的岳父岳母看他整天无所事事，就委婉地告诉女儿，准备资助李安一笔钱，让他开餐馆。

李安自知不能再这样拖下去，但也不愿拿丈母娘家的资助，决定去社区大学上计算机课，从头学起，争取可以找到一份安稳的工作。李安背着老婆硬着头皮去社区大学报名，一天下午，他的太太发现了他的计算机课程表。他的太太顺手就把这个课程表撕掉了，并跟他说："安，你一定要坚持理想。"

因为这一句话、这样一位明理智慧的老婆，李安最后没有去学计算机，如果当时他去了，多年后就不会有一个华人站在奥斯卡的舞台上领那个很有分量的奖。

李安的故事告诉我们，人生应该做自己最喜欢最爱的事，而且要坚持到底，把自己喜欢的事发挥得淋漓尽致，必将走向成功。

如果你真正的最爱是文学，那就不要为了父母、朋友的谆谆教诲而去经商，如果你真正的最爱是旅行，那就不要为了稳定选择一个一天到晚坐在电脑前的工作。

你的生命是有限的，但你的人生却是无限精彩的。也许你会成为下一个李安。

但你需要耐得住寂寞，7年你等得了吗？很有可能会更久，你等得到那天的到来吗？别人都离开了，你还会在原地继续等待吗？

一个人想成功，一定要经过一段艰苦的过程。任何想在悠闲自在中轻松获得成功的人都是惘然。这寂寞的过程正是你积蓄力量、开花前奋力地汲取营养的过程。如果你耐不住寂寞，成功永远不会降临于你。

坚忍的骆驼

大自然中，鸟吃虫子，对虫子来说是一种危机，生活中总会有些力量是阻力，不断地打击和折磨我们。

我们接受了这个事实，我们才能放平心态，找到属于自己的人生定位。命运中总是充满了不可捉摸的变数，如果它给我们带来了快乐，当然是很好的，我们也很容易接受，但事情往往并非如此。有时它带给我们的会是可怕的灾难，这时如果我们不能学会接受它，反而让灾难主宰了我们的心灵，生活就会永远地失去阳光。

威廉·詹姆士曾说："心甘情愿地接受吧！接受事实是克服任何不幸的第一步。"

我们应该能接受不可避免的事实。即使我们不接受命运的安排，也不能改变事实分毫，我们唯一能改变的，只有自己。成功学大师卡耐基也说："有一次我拒不接受我遇到的一种不可改变的情况。我像个蠢蛋，不断做无谓的反抗，结果带来无眠的夜晚，我把自己整得很惨。后来，经过一年的自我折磨，我不得不

接受我无法改变的事实。"面对不可避免的事实，我们就应该学着做到诗人惠特曼所说的那样："让我们学着像树木一样顺其自然，面对黑夜、风暴、饥饿、意外等挫折。"

但是，面对现实，并不等于束手接受所有的不幸。只要有任何可以挽救的机会，我们就应该奋斗。而当我们发现情势已不能挽回时，最好就不要再思前想后、拒绝面对，要坦然地接受不可避免的事实，唯有如此，才能在人生的道路上掌握好平衡。

明白了这些，你就会善于利用不公正来培养你的耐心、希望和勇气。比如在缺少时间的时候，可以利用这个机会学习怎样安排一点一滴珍贵的时间，培养自己行动迅速、思维灵敏的能力。就像野草丛生的地上能长出美丽的花朵，在满是不幸的土地上，也能绽开美丽的人性之花。

生活的不公正能培养美好的品德，我们应该做的就是让自己的美德在不利的环境中放射出奇异的光彩。

你也许因此觉得很不公平，那么不妨把这看作是对自己的磨炼吧，用亲切和宽容的态度来回应生活的无情。借着这样的机会磨炼自己的耐心和自制力，转化不利的因素，利用这样的时机增强精神的力量。你自己也将提升到更高的精神境界，一旦条件成熟，你就能进入崭新的、更友善的环境中。

外界的事物什么样，这由不得你去选择和控制，但用什么样的态度去对待，可以由你自己做主。面对生活中的种种不公正，能否使自己像骆驼在沙漠中行走一样自如，关键就在于你是否足够坚忍，这也是成大事者的一种品质。

不怕失败才会成功

在这个世界上，每一个人都经历过无数次的失败。当然，也包括成功人士在内，他们的成功也并非是一帆风顺的。

没有人不想成功，也没有人不想拥有财富，但很多人在追求成功与财富的过程中要么被困难打败，要么对挫折望而却步、半途而废。如果我们换个角度来看问题就不一样了：世界上根本就没有所谓的失败，只有暂时的不成功。这也正是成功人士的信条，正是因为在他们的字典里没有"失败"，他们才不会放弃，才会继续努力，他们知道不成功只是暂时的，总有一天他们会成功！

金融家韦特斯真正开始自己的事业是在17岁的时候，他赚了第一笔大钱，也是第一次得到教训。那时候，他的全部家当只有255块钱。他在股票的场外市场做捐客，在不到一年的时间里，他发了大财，一共赚了168000元。拿着这些钱，他给自己买了第一套好衣服，在长岛给母亲买了一幢房子。但是这个时候，第一次世界大战结束了，韦特斯以为和平已经到来，就拿出了自己的全部积蓄，以较低的价格买下了雷卡瓦那钢铁公司。"他们把我剥光了，只留下4000元给我。"韦特斯最喜欢说这种话，"我犯了很多错，一个人如果说他从未犯过错，那他就是在说谎。但是，我如果不犯错，也就没有办法学乖。"这一次，他学到了教训。"除非你了解内情，否则，绝对不要买大减价的东西。"

他没有因为一时的挫折而放弃，相反，他总结了相关的经验，并相信他自己一定会成功。后来，他开始涉足股市，在经历了股市的成败得失后，他已赚了一大笔。

1936年是韦特斯最冒险的一年，也是最赚钱的一年。一家叫普莱史顿的金矿开采公司在一场大火中覆灭了。它的全部设备被焚毁，资金严重短缺，股票也跌到了3分钱。有一位名叫陶格拉斯·雷德的地质学家知道韦特斯是个精明人，就游说他把这个极具潜力的公司买下来，继续开采金矿。韦特斯听了以后，拿出35000元支持开采。不到几个月，黄金挖到了，离原来的矿坑只有213英尺。

这时，普莱史顿的股票开始飞涨，不过不知内情的海湾街上的大户还是认为这种股票不过是昙花一现，早晚会跌下来，所以他们纷纷抛出原来的股票。韦特斯抓住了这个机会，他不断地买进、买进，等到他买进了普莱史顿的大部分股票时，这种股票的价格已上涨了许多。

这座金矿，每年毛利达250万元。韦特斯在他的股票继续上升的时候把普莱史顿的股票大量卖出，自己留了50万股，这50万股等于他一分钱都没有花。

韦特斯的成功告诉我们，不要害怕失败，财富的获得总是在失败中一点点积累的，很少有一夜暴富，而且一夜暴富的财富也总是不长久的。这便是成功者不怕失败的原因，失败也是一种财富。

看轻自己也是积极的人生观

在南北战争时期，美国北军格兰特将军和南军李将军率部交锋，经过了一场激战后，南军败得溃不成军，李将军也被送到爱浦麦特城受审，签订降约。

格兰特将军在这次胜利后很谦恭地说："李将军是一位很值得我们敬佩的人物。他虽然战败了，但是他的态度仍旧是那么镇定。他仍旧是穿着全新的、完整的那套军服，腰间还佩着政府奖赐他的名贵宝剑，而我却远远比不上他呀。"

他说他能取得这次战争的胜利，都是因为偶然的机会造成的。他说："我们能够取得这次胜利是因为我们运气好，当时敌方军队在弗吉尼亚，几乎天天都遇到阴雨，害得他们不得不陷在泥泞中进行作战。然而，我们所到之处，几乎每天都是好天气，非常方便我们行军，我们就是因为幸运才取得胜利的。"

这些谦虚的话，要比自吹自擂好得多。

有不少居功自傲的人，最终还是落得身败名裂的下场，只有那些继承了谦虚美德的老实人才能"赢得生前身后名"，为人所津津乐道。

一个真正深通人际关系的人，是不会自我吹嘘、自我炫耀的，你所取得的成绩，别人比你看得更清楚。

　　一个人如果太把自己当回事就容易产生骄傲自满的心理，这种心理对于工作和学习都是一道障碍。如果总是凭着自己曾经取得的成绩就自我感觉良好，一副目中无人的样子，可能导致在工作中不思进取，丧失更多进步的机会，使荣誉不能连续保持。

　　别太过看重自己，偶尔出点状况也无妨。

　　如果总是把自己当成珍珠，那么就可能遇到被埋没的危险；如果不把自己太当回事，坦诚平淡地生活着，也没有人会把你看成是卑微、懦弱和无能。只有这样，才能不断地充实自己、完善自己，进而缔造一个完美人生。

　　谦虚是一种美德，也是一种修养。谦虚者可以包容别人、善待别人，学习和吸取别人有益的经验和知识，从而提高自己，避免浅薄无知。

　　把自己当回事的人不计其数，每个人都想极力表现自己，处处以自我为中心，毫不隐讳地彰显个性。有个性自然很好，但太过个性就会显得锋芒毕露，后果则是要么自惭形秽，要么就遭人反驳。因此，做人要懂得谦逊，别太把自己当回事，只有这样才能使我们的心理达到平衡的状态，才能得到健康的心灵。

图书在版编目（CIP）数据

淡定的人生不寂寞 / 邢思存编著 . –– 北京：中国
华侨出版社 , 2017.12（2019.1 重印）

ISBN 978–7–5113–7263–5

Ⅰ . ①淡… Ⅱ . ①邢… Ⅲ . ①人生哲学—通俗读物
Ⅳ . ① B821–49

中国版本图书馆 CIP 数据核字（2017）第 308971 号

淡定的人生不寂寞

编　　著：邢思存
出 版 人：刘凤珍
责任编辑：笑　年
封面设计：施凌云
文字编辑：杨　君
美术编辑：潘　松
图片提供：东方 IC
经　　销：新华书店
开　　本：880mm×1230mm　1/32　印张：8　字数：300 千字
印　　刷：北京彩虹伟业印刷有限公司
版　　次：2018 年 4 月第 1 版　2019 年 1 月第 2 次印刷
书　　号：ISBN 978–7–5113–7263–5
定　　价：36.00 元

中国华侨出版社　北京市朝阳区静安里 26 号通成达大厦 3 层
邮编：100028
法律顾问：陈鹰律师事务所
发 行 部：（010）58815874　　传　真：（010）58815857
网　　址：www.oveaschin.com　　E–mail：oveaschin@sina.com

如果发现印装质量问题，影响阅读，请与印刷厂联系调换。